环保公益性行业科研专项经费项目系列丛书

生物多样性监测技术手册

李　果　李俊生　关　潇　吴晓莆　赵志平　主编

中国环境出版社·北京

图书在版编目（CIP）数据

生物多样性监测技术手册 / 李果等主编. —北京：中国
环境出版社，2013.12
ISBN 978-7-5111-1679-6

Ⅰ．①生… Ⅱ．①李… Ⅲ．①生物多样性—监测—
技术手册 Ⅳ．①Q16-62

中国版本图书馆 CIP 数据核字（2013）第 295533 号

出 版 人　王新程
策划编辑　王素娟
责任编辑　俞光旭
责任校对　唐丽虹
封面设计　宋　瑞

出版发行　中国环境出版社
　　　　　（100062　北京市东城区广渠门内大街 16 号）
　　　　　网　　址：http：//www.cesp.com.cn
　　　　　电子邮箱：bjgl@cesp.com.cn
　　　　　联系电话：010-67112765（编辑管理部）
　　　　　发行热线：010-67125803，010-67113405（传真）
印　　刷　北京中科印刷有限公司
经　　销　各地新华书店
版　　次　2014 年 5 月第 1 版
印　　次　2014 年 5 月第 1 次印刷
开　　本　787×1092　1/16
印　　张　12
字　　数　255 千字
定　　价　48.00 元

环保公益性行业科研专项经费项目 系列丛书

编 委 会

本书编写委员会

主　编　李　果　李俊生　关　潇　吴晓莆　赵志平

编　委　（按姓氏笔画排序）

付梦娣　关　潇　刘　艳　吴晓莆

李　果　李　亮　李俊生　胡理乐

赵志平　高军靖　银森录

总　序

　　我国作为一个发展中的人口大国，资源环境问题是长期制约经济社会可持续发展的重大问题。党中央、国务院高度重视环境保护工作，提出了建设生态文明、建设资源节约型与环境友好型社会、推进环境保护历史性转变、让江河湖泊休养生息、节能减排是转方式调结构的重要抓手、环境保护是重大民生问题、探索中国环保新道路等一系列新理念新举措。在科学发展观的指导下，"十一五"环境保护工作成效显著，在经济增长超过预期的情况下，主要污染物减排任务超额完成，环境质量持续改善。

　　随着当前经济的高速增长，资源环境约束进一步强化，环境保护正处于负重爬坡的艰难阶段。治污减排的压力有增无减，环境质量改善的压力不断加大，防范环境风险的压力持续增加，确保核与辐射安全的压力继续加大，应对全球环境问题的压力急剧加大。要破解发展经济与保护环境的难点，解决影响可持续发展和群众健康的突出环境问题，确保环保工作不断上台阶出亮点，必须充分依靠科技创新和科技进步，构建强大坚实的科技支撑体系。

　　2006年，我国发布了《国家中长期科学和技术发展规划纲要（2006—2020年）》（以下简称《规划纲要》），提出了建设创新型国家战略，科技事业进入了发展的快车道，环保科技也迎来了蓬勃发展的春天。为适应环境保护历史性转变和创新型国家建设的要求，原国家环境保护总局于2006年召开了第一次全国环保科技大会，出台了《关于增强环境科技创新能力的若干意见》，确立了科技兴环保战略，建设了环境科技创新体系、环境标准体系、环境技术管理体系三大工程。五年来，在广大环境科技工作者的努力下，水体污染控制与治理科技重大专项启动实施，科技投入持续增加，科技创新能力显著增强；发布了502项新标准，现行国家标准达1 263项，环境标准体系建设实现了跨越式发展；完成了100余项环保技术文件的制修订工作，初步建成以重点行业污染防治技术政策、技术指南和工程技术规范为主要内容的国家环境技术管理体系。环境科技为全面完成"十一五"环保规划的各项任务起到了重要的引领和支撑作用。

为优化中央财政科技投入结构，支持市场机制不能有效配置资源的社会公益研究活动，"十一五"期间国家设立了公益性行业科研专项经费。根据财政部、科技部的总体部署，环保公益性行业科研专项紧密围绕《规划纲要》和《国家环境保护"十一五"科技发展规划》确定的重点领域和优先主题，立足环境管理中的科技需求，积极开展应急性、培育性、基础性科学研究。"十一五"期间，环境保护部组织实施了公益性行业科研专项项目234项，涉及大气、水、生态、土壤、固废、核与辐射等领域，共有包括中央级科研院所、高等院校、地方环保科研单位和企业等几百家单位参与，逐步形成了优势互补、团结协作、良性竞争、共同发展的环保科技"统一战线"。目前，专项取得了重要研究成果，提出了一系列控制污染和改善环境质量技术方案，形成一批环境监测预警和监督管理技术体系，研发出一批与生态环境保护、国际履约、核与辐射安全相关的关键技术，提出了一系列环境标准、指南和技术规范建议，为解决我国环境保护和环境管理中急需的成套技术和政策制定提供了重要的科技支撑。

为广泛共享"十一五"期间环保公益性行业科研专项项目研究成果，及时总结项目组织管理经验，环境保护部科技标准司组织出版"十一五"环保公益性行业科研专项经费项目系列丛书。该丛书汇集了一批专项研究的代表性成果，具有较强的学术性和实用性，可以说是环境领域不可多得的资料文献。丛书的组织出版，在科技管理上也是一次很好的尝试，我们希望通过这一尝试，能够进一步活跃环保科技的学术氛围，促进科技成果的转化与应用，为探索中国环保新道路提供有力的科技支撑。

中华人民共和国环境保护部副部长

吴晓青

2011 年 10 月

前　言

　　随着环境变化和物种灭绝问题凸显，保护生物多样性、认识生物多样性正在发生的变化成为当务之急。生物多样性监测是了解与掌握生物多样性现状与变化特征的重要途径。通过开展长期、动态的监测，可以掌握物种及其生境的存在状况，跟踪生态系统组成、结构与功能的变化，并有助于对影响生物多样性的压力因子进行识别与分析，认识潜在的趋势与规律，以服务生物多样性保护与管理。

　　由于生物多样性内涵广泛，生物多样性监测通常也涉及多个层次、多个方面的内容。在生命形式上，包括动物、植物、微生物；在属性上，包括组成、结构与功能；在组织层次上，包括地区景观、群落—生态系统、种群—物种以及遗传。各层次、各方面的监测有其自身的特点与特殊要求，并依靠特定的监测技术与方法获取相应的监测数据与监测结果。

　　需要强调的是，在有限的时间、人力与知识水平条件下，我们无法穷尽对生物多样性的认识。对于任何一个监测项目而言，都不可能做到调查生物多样性的"全貌"，即便只是在一个范围很小的区域内。因此，监测不可能是面面俱到的，应根据实际工作需要，制定监测计划并选择合适的监测指标与方法。通过对指标的调查与观测，从一定的侧面反映生物多样性的基本状况与变化。

　　针对生物多样性监测工作的需求，本手册对生物多样性监测的相关技术与方法进行了汇总与编录，以期为制定生物多样性监测计划、实施生物多样性监测活动提供方法参考与指导。

　　本手册由六个篇章组成。第一篇概述了生物多样性监测的特点、类型以及测度方法。第二篇从拟定监测计划的角度，介绍了生物多样性监测工作的基本流程，并对监测中的几个关键问题如选择监测指标、选择监测方法、抽样等进行了说明。第三篇着眼于生境监测技术，从生境基本情况的观察描述方法以及生境中重要环境要素如植被、土壤、水、沉积物等的监测调查方法两个方面进行了详细的介绍。第四篇按生物类群分别介绍了各类群物种的常用监测调查技术，涉及大型真菌、地衣、苔藓、陆生维管束植物、大型水生植物、浮游生物、土壤动物、昆虫、大型底栖动物、鱼类、两栖动物、爬行动物、鸟类、哺乳动物，以及潮间带生物等生物类群。第五篇的内容为景观生态分类与景观生态制图的方法与技术。第六篇介绍了遗传多样性分析技术，内容包括表型性状多样性分析方法、染色体研究分析方法、等位酶分析方法以及 DNA 分子标记方法。

由于编者水平有限，手册中难免出现疏漏与错误之处，恳请使用者提出宝贵意见，以便我们进一步修订与完善。

本手册在编写过程中参考了国内外大量研究著作与文献，在此对参考文献的作者表示感谢。

本手册的出版获得环保公益性行业科研专项（200709018）的资助，在此一并表示感谢。

编　者

2013 年 7 月

目　录

第一篇　概　述

1　生物多样性监测的特点

生物多样性监测是指定期或不定期重复进行的生物多样性监视（surveillance）活动（Hellawell，1991）。通过长期、系统地开展一系列监视与观测，为查明生物多样性随时间推移而发生的变化提供观测数据，以揭示与反映生物多样性的变化趋势。

生物多样性监测与生物多样性调查（survey）、生物多样性编目（inventory）在技术方法上密切相关，但目的与作用不尽相同。"调查"通常是为了解基本情况在一段时间内按照标准程序集中开展的观测活动（Hellawell，1991）。"编目"是指对基因、个体、种群、物种、生境、群落、生态系统、景观或它们的组成成分等实体（entity）进行调查、分类、排序、数量化和制图，并对这些信息进行分析或综合的过程（Heywood，1995）。而"监测"更强调随着时间和空间的变化对生物多样性的跟踪了解。

生物多样性监测通常具有如下特点：

① 目的性——监测目的是构建监测体系的基础。监测目标应具体、明确，而不宽泛、笼统。实施监测可能是为了检测区域物种组成是否发生变化，或测定某一珍稀濒危物种的保护情况，或分析生境的质量，或调查生物资源，或进行生态学研究，或服务于环境影响评估等。

② 长期持续性——生态系统组成与结构复杂，且生态系统过程具有长期性的特点。为了跟踪与查明所关注的生物多样性特征随时间推移而发生的变化，监测活动要求有计划地长期、持续开展。

③ 规范化——监测的效用受到监测指标与监测方法的稳定性、一致性的影响。监测指标不统一、监测方法不规范，则难以获得时间序列上或区域间可比较的、有组织的数据，造成信息无法整合，并妨碍到数据的交流与应用。为充分地发挥监测的作用，长期监测计划中的指标与方法一般要求是规范的、统一的。

④ 一些监测工作是根据生物多样性状况评估的需要，基于一定的"预期标准/目标"来进行的。即通过监测结果来检验预先设定的"标准/目标"是否达到。这些"预期标准/目标"通常是结合监测区域的生物多样性基本情况，基于生态学、生物学、保护生物学等理论与研究结果来设定的。具体的标准值可能是监测指标的基准值，如维持现有生境面积或现有种群大小，也可能是监测指标的目标值，如保护某地区的林地面积，使其维持在 3 万 hm^2 以上，或恢复某珍稀濒危物种种群，使其个体数达到 300 个个体以上等。

为了有效地开展生物多样性监测、实现监测目标，在开展具体的工作之前，需要根据监测工作的特点，结合监测区域的生物多样性基本情况做好监测方案设计。

2 生物多样性监测的类型

2.1 按监测目的划分

生物多样性监测按监测目的可以分为：

（1）研究性监测

为进行生物多样性科学研究而开展的监测活动。

生物多样性研究是一个涉及内容十分广泛的交叉研究领域。该领域研究的热点问题包括：生物多样性编目，确定动植物中的濒危种类及其濒危等级；生态系统功能及其价值评估；群落与生态系统水平的生物多样性维持和动态；人类活动对生物多样性的影响；物种的濒危机制及保护对策研究；生物多样性异地保护和就地保护技术与方法；栽培植物与家养动物及其野生近缘种的遗传多样性研究等。监测是获取生物多样性研究基础数据的重要途径。

（2）管理监视型监测

为服务生物多样性综合管理与保护而实施的例行监测。

《生物多样性公约》《国际重要湿地公约》《保护世界文化和自然遗产公约》等国际公约与协议（表 2-1）以及各国的生物多样性保护战略与行动计划中都提出了开展生物多样性监测的要求。通过定期、定点、定指标的监测可以为评定生物多样性状况、变化趋势以及保护管理的进展情况提供判断依据，并为生物多样性保护政策与措施的制定、环境影响评价、自然保护区保护、生态规划等管理工作提供重要支持。

（3）生物资源监测

狭义的生物资源是指目前的社会经济技术条件下人类可以利用与可能利用的动植物与微生物等。开展生物资源监测，了解生物资源的数量与动态，以服务资源合理开发并促进可持续利用。

表 2-1　部分国际公约/协议中对生物多样性监测的要求

国际公约/协议	公约/协议的任务	监测要求	监测目的	报告机构	报告频率	中国加入时间
生物多样性公约	保护濒临灭绝的植物和动物，最大限度地保护地球上的生物资源	明确	测定生物多样性水平，识别有显著不利影响的过程	秘书处	≤5 年	1992 年
国际重要湿地公约	通过地方、区域、国家的保护措施及国际合作以保护及合理利用湿地，为全世界的可持续发展作出贡献	隐含	发现生态特征的变化	湿地公约局	≤3 年	1992 年
保护世界文化和自然遗产公约	保护和维护具有突出保护价值的文化和自然遗产，提供必要的集体性援助，维护、增进和传播知识	明确	促进保护地管理，改善规划，降低突发事件与特别的干扰，通过预防保护降低成本	世界遗产委员会	6 年	1985 年
濒危野生动植物物种国际贸易公约	通过许可制度，对国际间野生动植物及其产品、制成品的进出口实行全面控制和管理，以促进各国保护和合理开发野生动植物资源	隐含	评估贸易水平与物种状况的变化	秘书处	≤2 年	1980 年

2.2　按监测的生态系统划分

生物多样性监测按监测的生态系统类型可以分为：

（1）陆生生态系统生物多样性监测

包括对森林、灌丛、草原、荒漠、冻原以及农田等类型生态系统的生物多样性监测。

（2）水生生态系统生物多样性监测

水生生态系统生物多样性监测包括海洋生态系统生物多样性监测和淡水生态系统生物多样性监测。海洋生态系统从海岸到远洋可区分为海岸带、浅海带和远洋带。淡水生态系统的类型有流水生态系统，如溪流、河流、泉，以及静水生态系统，如湖泊、池塘、水库等。

（3）湿地生态系统生物多样性监测

湿地是不同于水体亦不同于陆地的特殊过渡类型生态系统，地表长期或季节性处于过湿或积水状态，为水生、陆生生态系统界面相互延伸扩展的重叠空间区域。湿地生态系统生物多样性监测兼具陆生和水生生态系统监测的特点。湿地的类型主要包括沼泽湿地、湖泊湿地、河流湿地、浅海、滩涂、滨海湿地，以及人工湿地等。

2.3　按监测的生物多样性层次划分

生物多样性监测按监测的生物多样性层次可以分为：

（1）遗传监测

遗传多样性是生命形式多样化的基础，对于物种生存与进化乃至生态系统功能的维持都具有举足轻重的作用（Avise & Hamrick，1996；Hughes & Stachowicz，2004；Luck et al.，2003）。目前遗传水平上的监测主要是针对一些具有重要经济价值和保护价值的种类，如农作物、家畜等。随着相关遗传检测技术的发展和成熟，开展更广泛的遗传多样性监测已成为生物多样性监测工作中的重要内容。进行遗传多样性监测将有助于认识生物遗传性状的保持状况、评估物种的进化潜力、跟踪独特的基因型和遗传结构、识别遗传学上的濒危种、跟踪转基因的扩散、评估转基因风险等。

（2）物种监测

物种水平的监测是绝大多数生物多样性监测项目的重点内容，其监测技术与方法的发展也最为成熟。物种监测既可以是对某一个物种的监测，也可以是对多类群物种的综合监测。珍稀濒危种、重点保护种、建群种以及那些已知的或被认为是可能对人类有价值或危害的物种常被作为监测的重点对象。物种多样性监测中最常使用的指标是物种的丰富度、分布与多度等。通过掌握丰富度格局的变化以及种群动态，可以为物种保护与研究分析提供重要的基础支撑，从而识别受威胁物种，评估保护物种的种群恢复情况，服务最小存活种群的确定以及种群存活分析等。

（3）生态系统监测

生态系统多样性基于生境、生物群落以及生态过程的多样化，是具有综合性的概念。生态系统不像物种那样有普遍接受的较严格的等级系统，也没有像物种那样明确的等级单元，这给监测带来较大的困难。生态系统水平上的监测主要是结合生境监测与生物群落监测两部分内容，在一些监测项目中还涉及对生态系统功能的监测。

（4）景观监测

景观作为由生态系统组成的复合结构，景观多样性的概念也更为抽象。景观水平上的监测重点是景观的异质性。通过理解景观破碎、生境退化等问题，预测生境变化、土地覆盖变化等对生物多样性的影响，并预测伴随物种或分类群灭绝而产生的生态变化。

3　生物多样性的测度

3.1　物种多样性的测度

3.1.1　物种多度

物种多度是确定物种保护等级的基本依据，在生物多样性保护和管理中具有重要意义，而且对于认识一个群落来说，多度格局往往比多样性指数更为有效（马克明，2003）。多度通常指物种的个体数目或种群密度，记录的单位为个体，但多度也可以采用其他类型的度量单位，如构建单元、生物量等。

（1）个体

个体是物种多度最常用的统计单位。对于高等动物和大部分的植物，个体容易识别，以个体进行多度的测定十分有效且实用。但对于另外一些物种，如以地下根进行繁殖的竹、荷等，团聚生长的藻类，以及微小、密集生长的珊瑚虫等，其个体鉴定较为困难，难以获得准确的个体数目计数，因而需要选择其他更有效的测度单位。

（2）构件单元

物种构件单元（modular unit）的形态结构和大小通常比较稳定、便于识别，如乔木的分枝、草本植物的分蘖、一年生植物的叶和芽等，且一些无性生殖的一年生种的构件单元也可视为个体（Schultz，1989；Wetherington et al.，1989），因此构件单元计数也是多度测定和种群动态研究的一种有效方法（Harper，1977）。

（3）生物量

生物量以重量表示，分为鲜重和干重。对于个体难以辨识或个体数巨大的情况，测定生物量方法具有很大的优势，如浮游生物调查。此外，生物量比个体数更能直接地反映资源利用状况（Guo & Rundel，1997），也更适于比较种群大小明显不同的类群（Magurran，2011）。

（4）盖度

在植物以及其他一些固着种的研究中，测量盖度也可作为多度测度的一种重要方法。盖度指物种覆盖调查区域的面积，以百分数形式表示，易于测定。但如果物种相互重叠，或直立、匍匐生长，则需要谨慎使用，特别是在调查草本植物、苔藓、珊瑚、潮间带生物时。

（5）频度或出现数据

在较大尺度的抽样单元上，利用频度（frequency）或出现（incidence）数据估算多度具有重要的应用价值。频度指某一物种在监测区域内出现的频率，以包含该物种个体的抽样单元数占全部抽样单元数的百分比统计。出现数据即以 0/1 形式记录物种在各个抽样单元内的存在情况，有出现则记录为 1，没有出现则记录为 0。频度或出现率数据既可用于物种丰富度估计，也可以了解物种的地理分布范围大小，为保护提供必要的信息。但这种方法的缺点是可能低估广布种的多度，而高估稀有种的多度。

3.1.2 物种多样性的空间尺度

物种多样性的测度与尺度有很强的依赖关系，取样单元面积的变化会导致多样性测度数值的变化。随着取样面积的扩大，包含的生境类型和生境异质性增加，物种数量也出现增加。在更大尺度上，可以反映进化、地理隔离等过程的影响，进而能包括更多不同类型的物种。

在 Whittaker（1972）的物种多样性空间尺度 7 重分类方案的基础上，Gray（2000）

提出了物种丰富度研究的四个尺度，即点物种丰富度（SR_P）、样本物种丰富度（SR_S）、大区域物种丰富度（SR_L）和生物地理区域物种丰富度（SR_B）（表 3-1）。该尺度划分方法体现了地理空间尺度递增的逻辑关系，明确了多样性空间尺度的统一术语。

表 3-1 Gray（2000）物种丰富度的空间尺度

尺度分类	定义
点物种丰富度（SR_P）	单个样方单元内的物种丰富度
样本物种丰富度（SR_S）	一个限定区域的若干取样单元的物种丰富度
大区域物种丰富度（SR_L）	包含不同生境和集聚的大区域内的物种丰富度
生物地理区域物种丰富度（SR_B）	生物地理区域内的物种丰富度

3.1.3 α、β和γ多样性

α、β和γ多样性是常用的生态学术语，但它们已非最初被提出时所指的地理学空间上的概念（Whittaker，1972），而是作为生物群落特征的度量。

α多样性指群落内或生境内的多样性，是空间单元内的特征。一定生境或群落内物种α多样性的测度方法见专栏 3-1。测度范围的边界可能是根据自然性质来确定的，也可能是研究中划定的感兴趣区域。在多样性调查中，正方形网格是常用的方法，但由于对生态同质性通常缺乏通用的假设，不同研究中设定的空间单元（即网格）大小各异（Harrison *et al.*，1992；Lennon *et al.*，2001）。

β多样性度量的是任意给定尺度上不同区域间物种组成的差异，表现的是生物种类对环境异质性的响应，是生物变化或物种替代的特征。不同群落间或某环境梯度上不同区域之间的共有种越多，物种替代率越小；反之亦然。β多样性是以环境梯度为基础的，如土壤、地貌等，同时受到扩散过程和生态位过程的共同影响，但在不同的尺度、地理区域或物种类群之间有所差异（陈圣宾等，2010）。其测度方法见专栏 3-3。

β多样性的研究具有重要意义，它可以指示生境被物种分隔的程度，用于比较不同地段的生境多样性，并与α多样性一起构成总体多样性或一定地段的生物异质性（马克平等，1995）。

γ多样性是指地理区域或大陆尺度的生物多样性，主要用于描述生物进化过程中的生物多样性。受水热动态、气候和物种形成及演化的历史等生态过程控制（唐志尧和方精云，2004）。γ多样性值高的地区一般出现在地理上相互隔离但彼此相邻的生境中。这些地区的物种表现为生态特征相近但分类特征却不相近。γ多样性的测度主要是用区域或大陆尺度的物种丰富度或多样性指数表示。

关于α、β和γ多样性三者之间的关系，Whittaker（1960）提出乘法分配法则（multiplicative partition of diversity），即：γ多样性等于α多样性乘以β多样性（$\gamma = \alpha \cdot \beta$）。后来的研究中，Allan（1975）、Lande（1996）等提出加性分配法则（additive partition of diversity），即：γ多样性等于α多样性加上β多样性（$\gamma = \alpha + \beta$）。加性分配法则避免了乘法法则中α、β和γ多样性量纲不一致的缺点，可以跨尺度分析α和β多样性对总的多样性（γ）的贡献，并定量分析物种多样性与尺度之间的关系（Lande，1996；Crist *et al.*，2003；Chandy *et al.*，2006）。

在多尺度（$i = 1$，2，3，$\cdots$，m）的取样系统中，第i尺度的样方嵌套在第$i + 1$尺度的样方内，系统总的多样性（γ）为所有尺度的多样性的总和。即：若$i = 1$表示最小的采样尺度，α_i表示第i尺度的α多样性平均值，β_i表示第i尺度的β多样性值，则第$i + 1$尺度的α多样性计为$\alpha_{i+1} = \alpha_i + \beta_i$，总的多样性计为$\gamma = \alpha_1 + \sum_{i=1}^{m} \beta_i$。

专栏3-1　α多样性的测度方法

1. 丰富度测度

（1）绝对物种丰富度

绝对物种丰富度即物种的数目，是最简单、使用时间最久的物种多样性测度方法。考虑到样方大小对物种丰富度的影响，一般在统计时采用两种方式：

①单位面积的物种数目，即物种密度。该方法主要用于植物多样性研究，一般采用每平方米/每公顷/每平方千米的物种数目表示。

②一定数量的个体或生物量中的物种数目，即数量丰度。该方法多用于水生生态系统物种多样性研究，如1 000尾鱼中的物种数。

（2）相对物种丰富度

相对物种丰富度通过物种数目与样方大小或个体总数的不同数学关系进行测度。常用的关系式有：

① $D = S / \ln A$ 　　　　　　（Gleason，1922）

② $D = S / \ln N$ 　　　　　　（Odum，1960）

③ $D = (S - 1) / \ln N$ 　　　　（Margalef，1958）

④ $D = S / \sqrt{N}$ 　　　　　　（Menhinick，1964）

式中，D为相对物种丰富度；S为调查到的物种数目；A为样方面积；N为所有物种的个体数。

2. 异质性测度

（1）多样性指数

多样性指数又被称为异质性指数，综合了物种多度分布所含信息。常用的多样性指数有：

①Simpson 多样性指数

Simpson 多样性指数的推导假设为在一个无限大小的群落中，随机抽取两个个体，它们属于同一物种的概率是多少。如果这两个个体属于同一物种的概率越大，则多样性越低。Simpson 多样性指数（H）即等于随机取样的两个个体属于不同物种的概率。计算公式为：

$$H = 1 - \sum_{i=1}^{S} \left(N_i / N\right)^2$$

式中，S 为调查到的物种数；N_i 为物种 i 的个体数；N 为群落中所有物种的个体数。

②Shannon-Wiener 多样性指数

Shannon-Wiener 多样性指数又称为信息指数，用于研究异质性问题。如果从群落中随机抽取一个个体，这个个体属于哪个物种是不确定的，物种数越多，不确定性越大，多样性就越高。计算公式为：

$$H' = -\sum_{i=1}^{S} P_i \log P_i$$

式中，H' 为 Shannon-Wiener 多样性指数；S 为调查到的物种数；P_i 为物种 i 的个体数占所有物种总个体数的比例。公式中对数的底可取 2、e 和 10，并对应不同的单位，分别为 nit、bit 和 dit（孙儒泳等，2002）。但在生态学研究中，一般多选用自然对数。

（2）均匀度指数

①Pielou 均匀度指数

Pielou（1977）定义均匀度为群落多样性实测值与该群落潜在最大多样性值之比，则均匀度值 J 为：

$$J = H / H_{\max}$$

以 Shannon-Wiener 多样性指数测定，则 Pielou 均匀度指数为：

$$J_{sw} = H' / \log S$$

②Alatalo 均匀度指数

Alatalo（1981）提出了一个对样本大小不敏感的均匀度指数，消除了样本大小对均匀度的强烈影响。Alatalo 均匀度指数（E_a）的表达式为：

$$E_a = \left[\left(\sum P_i^2\right)^{-1}\right] \Big/ \left[\exp\left(-\sum P_i \log P_i\right) - 1\right]$$

③Molinari 均匀度指数

Molinari（1989）提出了对 Alatalo 均匀度指数进行标准化的均匀度指数（G），克服了原指数对均匀度低的样本估计过高以及变化非线性的不足。其表达式为：

$$G = \left(\arcsin E_a / 90\right) E_a \qquad 当 E_a > 1/2 时$$

$$G = E_a^3 \qquad 当 E_a \leqslant 1/2 时$$

专栏 3-2　测定物种丰富度的替代方法

1. 替代类群丰富度

利用一种类群的物种丰富度来推断其他类群的物种丰富度。如 Mortiz 等（2001）利用昆士兰东北部热带雨林中蜗牛和昆虫的丰富度与脊椎动物的丰富度具有显著相关性的特点，用蜗牛和昆虫的丰富度情况指示脊椎动物的丰富度情况，并预估脊椎动物的保护优先性。

在应用替代类群丰富度方法时必须基于已有的研究验证结果，在未经验证的情况下不能盲目地推广应用。因为对于某个类群来说很好的替代指示类群不一定适用于指示另外一个类群，且这种检验结果与研究尺度以及研究区域密切相关。

2. 高级分类阶元丰富度

许多研究表明，物种的丰富度与高级分类阶元如科、属的丰富度在数量上密切相关（Balmford *et al.*，1996；Lee，1997；Balmford *et al.*，2000；Gaston，2000；冯永军等，2006；郑孜文等，2008）。因此，利用高级分类阶元的丰富度预测与评价物种的丰富度是物种多样性测度中的一种常用方法，尤其是对于那些难以鉴定到种的生物类群，如浮游生物、土壤动物、昆虫等。操作时，可以以某类群物种科或属的丰富度作为研究物种丰富度的替代指标。

3. 环境丰富度

物种以特定的方式生活在某一环境之中。环境异质性越高，越能提供更多的小生境及小气候条件，满足更多不同物种的需求。因此在一些研究中尝试用环境参数（如温度、地形、生境类型等）来反映物种的多样化。

气候与地形是产生环境异质性的重要因素且易于观测，而遥感技术的发展方便了大尺度生境类型的研究与监测。环境参数作为替代指标有很大的优势，有助于探索大尺度生物多样性监测的便捷方法。但由于生态过程的复杂性，使用环境的异质性指代物种的丰富度还存在很多的问题，需要辩证地使用。

专栏 3-3　β 多样性的测度方法

1. 利用二元数据（即"0/1"数据）的测度方法

（1）Whittaker 指数

该指数由 Whittaker 于 1960 年提出，是第一个描述 β 多样性的指数。其表达式为：

$$\beta_W = S / m\alpha - 1$$

式中，S 为所研究的集合中的物种总数；$m\alpha$ 为各样方或样本的平均物种数。当两个样方物种组成完全相同时，β_W 值为 1；当两个样方物种组成完全不同时，β_W 值为 2。

（2）Cody 指数

Cody 于 1975 年提出将 β 多样性定为"调查中，物种在生境梯度的每个点上被替代的速率"，其表达式为：

$$\beta_C = \left[g(H) + l(H)\right]/2$$

式中，$g(H)$ 为沿生境梯度 H 增加的物种数；$l(H)$ 为沿生境梯度 H 失去的物种数，即在上一个梯度中存在而在下一个梯度中没有的物种数。

（3）Wilson 和 Shmida 指数

Wilson 和 Shmida（1984）在野外研究物种沿环境梯度分布时，将 Cody 指数与 Whittaker 指数相结合，提出一个新的描述 β 多样性的指数 β_T，其表达式为：

$$\beta_T = \left[g(H) + l(H)\right]/2\alpha$$

（4）相似性系数

相似性系数（C）是测定群落间 β 多样性的最简便的方法。相似性指数的形式很多，应用较为广泛的有 Jaccard 系数、Sørenson 系数和 Dice 系数。

① Jaccard 系数：$C_J = a/(B + C - a)$

② Sørenson 系数：$C_S = 2a/(B + C)$

③ Dice 系数：$C_D = 2a/(2a + b + c)$

式中，a 为两个群落或样地共有的物种数；b 为样地 I 独有的物种数；c 为样地 II 独有的物种数；B 为样地 I 的物种总数；C 为样地 II 的物种总数。相似性系数值的取值范围是 0～1，若等于 0，表示两个群落种类完全不相同；若等于 1，表示两个群落种类完全相同。

2. 利用数量数据的测度方法

利用二元数据测度多样性虽然计算简便，但由于没有考虑物种的个体数量或相对多度，造成过高估计稀疏种的作用，因此其得到的结论不尽合理。更恰当的方法是利用数量数据测度 β 多样性。

（1）Bray-Curtis 指数

该指数基于 Sørenson 系数形成。表达式为

$$C_N = 2N_j/N_a + N_b$$

式中，N_j 为样地 A 和 B 共有种中个体数目较小者之和；N_a 为样地 A 的物种数目；N_b 为样地 B 的物种数目。

（2）Morisita-Horn 指数（Wolda，1983）

$$C_{MH} = 2\sum (an_i \cdot bn_i)/(da + db) N_a \cdot N_b$$

式中，an_i 和 bn_i 分别表示 A 和 B 样地中第 i 种的个体数目；$da = \sum an_i^2 / N_a^2$；$db = \sum bn_i^2 / N_b^2$。

3.2 遗传多样性的测度

3.2.1 测度方法

遗传多样性指的是一个居群、一个种或几个种的集群中可遗传变异的多少，它反映了个体之间各种性状的差异（黄宏文和康明，2005）。检测遗传多样性的方法随生物学尤其是遗传学和分子生物学的发展而不断提高和完善，从形态学水平、细胞学（染色体）水平、生理生化水平逐渐发展到分子水平。目前这些检测遗传多样性的方法，或在理论上或在实际研究中都有各自的优点和局限，还找不到一种能完全取代其他方法的技术。

借助物种的形态学特征、根据其表型的不同来判断物种的遗传多样性是最基础的检测方法。因其具有简单直观、容易观察的特点而在植物的系统进化、物种的分类鉴定、遗传多样性等方面得到了广泛的使用。植物的表型特征，受其遗传基因的控制，表型性状在一定程度上能够反映出物种的基因的差异，能够用来说明物种的遗传多样性。但是植物的表型性状同时又受外界环境的影响，环境的差异可以造成同一基因型的物种出现不同的表型。植物形态学上的变化不能完全真实地反映出植物体的遗传变异，利用植物的表型性状研究遗传多样性有一定的局限性。

借助染色体的差异来表征物种的遗传多样性是比较常用的方法。在染色体水平上检验物种遗传多样性的方法主要有 3 种：染色体组型分析、染色体带型分析、染色体核型分析。尤其是染色体组型的分析在研究小麦族的各个属之间的亲缘关系、明确各个属的系统学地位上起着重要的作用。染色体水平的标记因其能够克服形态水平标记易受环境影响的缺点，且操作简单、结果易分析等特点而得到广泛的应用。但是能够用于染色体水平上的标记数量比较少，且只能够检测到涉及染色体的变异，存在着局限性。

从蛋白质水平上研究物种的遗传多样性具有不受环境的影响、重复性好、分辨率高、方法简单的特点。目前，常用于研究分析的蛋白质主要包括种子贮藏蛋白和同工酶两类。但是其自身也存在着局限性，蛋白质的活性很难保持，有些蛋白质只能在特定时期产生，可利用的位点数较少，更重要的是蛋白质的谱带差异表现的是蛋白质本身的差异，并不能完全代表扩增出该种蛋白质的基因差异。

分子水平上研究物种的遗传多样性能够从本质上揭示物种间的差异，反映出的差异谱带是由基因差异所造成的。分子标记直接以核酸作为研究对象，具有简单、易操作、标记数量多、重复性高的特点，是目前检测物种的遗传多样性应用最广泛的技术。分子水平上的研究从最开始以 DNA 的结构为基础发展到以 PCR 为基础。目前实验技术较为完善、成熟的分子标记技术主要有：限制性片段长度多态性（Restriction Fragment Length Polymorphism，RFLP）、随机扩增多态性 DNA（Random Amplified Polymorphic DNA，RAPD）、扩增片段长度多态性（Amplified Fragment Length Polymorphism，AFLP）、简单序列重复（Simple Sequence Repeat，SSR）等。

3.2.2 测度指数

遗传多样性主要测度指数有：

（1）多态位点百分率

多态位点百分率（proportion of polymorphic loci，PPB）为居群（样本）中多态性（等复位）基因座的比率。具有 2 个以上等位基因且每个等位基因频率大于 0.05 的位点称为多态位点。PPB 等于多态位点数占检测到的总位点数的百分率。

（2）遗传多样性指数

Shannon-Wiener 多样性指数（H）能较好地描述等位基因和遗传多样性。计算公式为：

$$H = -\sum p_i \ln p_i$$

式中，p_i 为第 i 个等位基因的频率。

（3）杂合度

杂合度反映了遗传变异的大小，其数值与位点变异的多少成正比。期望杂合度（H_e）是根据 Hardy-Weinberg 平衡理论计算得到的杂合度，反映了居群中基因多少及其分布均匀程度。计算公式为：

$$H_e = 1 - \sum p_i^2$$

（4）变异系数

遗传变异系数的计算公式为：

$$CV_g = \sigma_g / \bar{x} \times 100\%$$

式中，$\sigma_g = \sqrt{\dfrac{V_1 - V_2}{r}}$；$V_1$ 为区组间（居群间、品系间、世代间等）的均方；V_2 为误差均方；r 为区组数；$\bar{x}$ 为各样品测定结果的平均值，$\bar{x} = \dfrac{\sum\limits_{i=1}^{n} x_i}{n}$；$n$ 为样品数（重复数）。

环境变异系数的计算公式为：

$$CV_e = \sigma_e / \bar{x} \times 100\%$$

式中，$\sigma_e = \sqrt{V_2}$。

表型变异系数的计算公式为：

$$CV_p = \sigma_p / \bar{x} \times 100\%$$

式中，$\sigma_p = \sqrt{\sigma_g^2 + \sigma_e^2}$。

（5）遗传距离

Nei 标准遗传距离的计算公式为：

$$D = -\ln I$$

式中，I 为标准化的遗传一致度。其计算公式为：

$$I = J_{XY} / \sqrt{J_X J_Y}$$

式中，J_X、J_Y 为从种群 X 或种群 Y 中随机抽取的两个基因是相同的可能性，J_{XY} 为分别从种群 X 和种群 Y 中抽取的两个基因是相同的可能性。

Nei 遗传距离计算的是每个位点基因取代的累积数量。理论上，如果有相应的数据，Nei 遗传距离可用于比较局域种群之间、物种之间，甚至是属之间的遗传差异。由于 Nei 遗传距离计算方便且具有普适性，所以它是最常用的描述遗传变异的距离指数。

（6）基因分化系数

基因分化系数（G_{ST}）反映居群分化程度，是居群间遗传多样度占总遗传多样度的比例。计算公式为：

$$G_{ST} = \frac{H_T - H_S}{H_T}$$

式中，H_T 为居群总遗传多样度；H_S 为居群内遗传多样度。

（7）F-统计量

F-统计（F_{ST}）是描述种群遗传分化的一个常用指数。F_{ST} 最初由 Wright 提出，基于近交系数（inbreeding coefficient），描述合子中亲缘相同的配子出现的可能性。之后，这个指数被广泛应用和发展，并与遗传标记技术结合，成为种群遗传学中描述种群遗传分化的一个重要指数。F_{ST} 的数学表述为：

$$F_{ST} = \frac{\sigma_p^2}{\bar{p}(1 - \bar{p})}$$

即基因频率方差与基因频率积值的商。式中，$\bar{p}$ 为某一等位基因在所有居群中的平均频率。

F_{ST} 值可用于估计居群间基因流的有效水平。基因流（Nm）的估计值为：

$$(Nm)_e = \frac{1}{4}\left(\frac{1}{F_{ST}} - 1\right)$$

$(Nm)_e$ 值越小，表示居群间的分化越强。

3.3　生态系统多样性的测度

生态系统多样性的测定包括生物群落和生态系统两个水平的多样性测定，但目前还没有权威的生态系统多样性测定方法（克里施纳默西，2006）。由于生物群落是生态系统的核心组成，在生态学研究中多以群落多样性的测度代替整个生态系统的多样性测度（吴甘霖，2004）。一个生态系统内物种组成丰富且均匀，可认为该生态系统的多样性高。

3.4 景观多样性的测度

3.4.1 测度方法

景观多样性研究起步较晚，是近年来宏观生态学研究的热点领域。景观多样性的核心内容和热点问题之一是景观格局与景观异质性及其生态影响。分析景观多样性主要是借助航空相片、卫片等遥感资料，利用 GIS 技术进行空间统计分析与数学参数模拟。

景观多样性的测度包括三个方面：类型多样性、斑块多样性和格局多样性。类型多样性指景观中类型的丰富度和复杂性，常考虑不同的景观类型的数目与面积；斑块多样性指景观中斑块的数量、大小和形状的多样性与复杂性；格局多样性指景观类型空间分布的多样化及各类型间以及斑块间的空间关系。

3.4.2 测度指数

（1）类型多样性的测度指标

包括景观多样性指数、优势度、丰富度等。

① 景观多样性指数的计算公式为：

$$H = -\sum_{i=1}^{m} P_i \log P_i$$

式中，H 为景观多样性指数；P_i 为景观类型 i 所占面积的比例；m 为景观类型的数目。

② 优势度的计算公式为：

$$D_0 = H_{max} + \sum_{i=1}^{m} P_i \log P_i$$

式中，D_0 为优势度；H_{max} 为最大多样性指数，$H_{max} = \ln m$。D_0 值大时，表示景观受一个或少数几个类型所支配。对于完全同质的景观（$m=1$），优势度指数没有意义，此时 D_0 值为 0。

③ 丰富度的计算公式为：

$$R = (M / M_{max}) \times 100\%$$

式中，R 为相对丰富度；M 为景观中现有的景观类型；M_{max} 为最大可能的景观类型。

（2）斑块多样性的测度指标

包括斑块数目、面积、形状、破碎度、分维数（fractal dimension）等。

① 破碎度的计算公式为：

$$F = [(m-1)/E] \times 100\%$$

式中，F 为景观破碎度；m 为被测景观中斑块的总数目；E 为被测景观中可能出现的最多斑块数。

② 分形维数的计算公式为：

$$D = 2\log(P/4)/\log A$$

式中，D 为分形维数；P 为斑块的周长；A 为斑块的面积。

（3）格局多样性的测度指标

包括聚集度、连接度、连通性、修改的分形维数（modified fractal dimension）等。

① 聚集度计算公式为：

$$RC = 1 - C/C_{\max}$$

式中，RC 为相对聚集度，%；C 为复杂性指数；$C_{\max}$ 为 C 的最大可能取值。

$$C = -\sum_{i=1}^{m}\sum_{j=1}^{m} P_{ij} \log P_{ij}$$

$$C_{\max} = 2m \log m$$

式中，P_{ij} 为景观类型 i 与景观类型 j 相邻的概率；m 为景观中景观类型的总数。

② 修改的分形维数指数集合了斑块的形状、面积、丰富度和均匀度，其计算公式为：

$$D_{\mathrm{m}} = 2\log(P_{\mathrm{m}}/4)/\log A$$

$$P_{\mathrm{m}} = P + 2(A-1)\cdot n/(m-1)$$

式中，D_{m} 为修改的分形维数；P 为斑块的周长；A 为斑块的面积；m 为景观中景观类型的总数；n 为与该斑块相邻的景观类型的数目。

参考文献

[1] Hellawell J.M. Development of a rationale for monitoring//Goldsmith F.B.（ed.）. Monitoring for conservation and ecology. 1-14. London：Chapman & Hall，1991.

[2] Heywood，V.H.（ed.）. Global Biodiveristy Assessment. Cambridge：Cambridge University Press，1995.

[3] 陈灵芝，钱迎倩. 生物多样性科学前沿. 生态学报，1997，17（6）：565-572.

[4] 陈灵芝. 对生物多样性研究的几个观点. 生物多样性，1999，7（4）：308-311.

[5] 赵士洞. 生物多样性的内涵及基本问题——介绍"DIVERSITAS"的实施计划. 生物多样性，1997，5（1）：1-4.

[6] 马克平，钱迎倩，王晨. 生物多样性研究的现状与发展趋势//钱迎倩，马克平. 生物多样性研究的原理与方法. 北京：中国科学技术出版社，1994：1-12.

[7]　DIVERSITAS. DIVERSITAS：An international programme of biodiversity science. Operational Plan. DIVERSITAS，Paris，1996.

[8]　岳天祥. 生物多样性研究及其问题. 生态学报，2001，21（3）：462-467.

[9]　Barnes R.K.，Mann K.H. Fundamentals of aquatic ecosystems. Blackwell Scientific Publications，Oxford，1980.

[10]　刘德增，李光鹏. 我国冷泉溪和泉溪生物的拯救与保护. 国土与自然资源研究，1991，3：50-52.

[11]　李新正. 浅谈我国海洋生物多样性现状及其保护//生物多样性保护与区域可持续发展（书），2000：8-14.

[12]　马克明. 物种多度格局研究进展. 植物生态学报，2003，27（3）：412-426.

[13]　Schultz R.J. Origins and relationships of unisexual poeciliids. In Ecology and evolution of livebearingfishes（Poecidiidae）（ed. G.K. Meffe & F.F. Snelson），pp. 69-87. Englewood Cliffs，NJ：Prentice Hall，1989.

[14]　Wetherington J.D.，Schenck R.A.，Vrijenhoek R.C. The orgins and ecological success of unisexual Peociliopsis：the fozen niche-variation model. In Ecology and evolution of livebearingfishes（Poecidiidae）（ed. G.K. Meffe & F.F. Snelson），pp. 259-275. Englewood Cliffs，NJ：Prentice Hall，1989.

[15]　Harper J.L. Population biology of plants. London：Academic Press，1977.

[16]　Guo Q.，Rundel P.W. Measuring dominance and diversity in ecological communities：choosing the right variables. J.Veg.Sci，1997，8：405-408.

[17]　Whittaker R.H. Evolution and measurement of species diversity. Taxon，1972，21：213-251.

[18]　Magurran A.E. Ecological diversity and its measurement. Princeton，NJ：Princeton University Press，1988.

[19]　Rosenzweig M.L. Species diversity in space and time. Cambridge，UK：Cambridge University Press，1995.

[20]　Cody M.L. Chilean bird distribution. Ecology，1970，51：455-464.

[21]　Clarke A.，Lidgard S. Spatial patterns of diversity in the sea：bryozoans species richness in the North Atlantic. J. Anim. Ecol，2000，69：799-814.

[22]　Gray J.S.The measurement of marine species diversity，with an application to the benthic fauna of the Norwegian continental shelf. J. Exp. Mar. Biol. Ecol，2000，250：23-49.

[23]　Harrison S.，Ross S.J.，Lawton J.H. Beta diversity on geograohic gradients in Britain. J. Anim. Ecol，1992，61：151-158.

[24]　Lennon J.J.，Koleff P.，Greenwood J.J.D.，et al. The geographical structure of British bird distributions：diversity，spatial turnover and scale. J. Anim. Ecol，2001，70：966-979.

[25]　陈圣宾，欧阳志云，徐卫华，等. Beta 多样性研究进展. 生物多样性，2010，18（4）：323-335.

[26]　唐志尧，方精云. 植物物种多样性的垂直分布格局. 生物多样性，2004，12（1）：20-28.

[27]　Whittaker RH. Vegetation of the Siskiou Mountains，Oregon and California. Ecological Monographs，1960，30（3）：279-338.

[28]　Allan JD. Components of diversity. Oecologia，1975，18：359-367.

[29]　Lande R. Statistics and partitioning of species diversity，and similarity among multiple communites. Oikos. 1996，76：5-13.

[30]　Thomas O. Crist，Joseph A. Veech，Jon C. Gering，et al. Partitioning species diversity across landscapes and regions：a hierarchical analysis of α，β，and γ diversity. The American Naturalist，2003，162（6）：734-743.

[31]　Chandy S.，Gibson D.J.，Robertson P.A. Additive partitioning of diversity across hierarchical spatial scales in a forested landscape. Journal of Applied Ecology，2006，43：792-801.

[32]　Gleason H. A. On the relation between species and area. Ecology，1922，3：158-162.

[33]　Odum H.T.，Cantlon J.E.，Kornicker L.S. An organizational hierarchy postulate for the interpolation of species individual distribution，species entropy and ecosystem evolution and the meaning of a species – variety index. Ecology，1960，41：393-399.

[34]　Margalef R. Temporal succession and spatial heterogeneity in phytoplankton. In：Buzgati-Traverso AA（Ed.）. Perspective in Marine Biology. University of California Press，Berkeley，USA，1958：323-347.

[35]　Menhinick E.F. A camparison of some species – individual diversity indices applied to samples of field insects. Ecology，1964，45：859-861.

[36]　Mortiz C.，Richardson K.S.，Ferrier S. et al. Biogeographical concordance and efficiency of taxon indicators for establishing conservation priority in a tropical rainforest biota. Proc.R. Soc. Lond. B，2001，268：1875-1881.

[37]　Balmford A.，Jayasuriya A.H.M.，Green M.J.B. Using higher-taxon richness as a surrogate for species richness. 2. Local applications. Proc. R. Soc. Lond. B. 1996，263：1571-1575.

[38]　Lee M.S.Y. Documenting present and past biodiversity：conservation biology meets palaeontology. Trends Ecol. Evol，1997，12：132-133.

[39]　Balmford A.，Lyon A.J.E.，Lang R.M. Testing the higher-taxon approach to conservation planning in a megadiverse group：The macrofungi. Biol. Cons，2000，93：209-217.

[40]　Gaston K.J. Biodiversity：Higher taxon richness. Prog. Phys. Geogr，2000，24：117-127.

[41]　冯永军，胡慧建，蒋志刚，等. 物种与科属的数量关系——以中国鸟类为例. 动物学研究，2006，27（6）：581-587.

[42]　郑孜文，张春兰，胡慧建，等. 中国哺乳类物种与科属的数量关系. 兽类学报，2008，28（2）：207-211.

[43]　孙儒泳，李庆芬，牛翠娟，等. 基础生态学. 北京：高等教育出版社，2002.

[44]　Pielou E.C. Mathematical Ecology.New York：John Wiley and Sons Ltd.，1977.

[45]　Alatalo R. V. Problems in the measurement of evenness in ecology.Oikos，1981，37：199-204.

[46] Molinari J. A. Calibrated index for measurement of evenness. Oikos，1989，56：319-326.

[47] Whittaker R.H. Vegetation of the Sisiyou Mountains，Oregon and California. Ecological Monographs，1960，30（3）：279- 338.

[48] Wilson M.V.，Shmida A. Measuring beta diversity with presence-absence data. The Journal of Ecology，1984，72：1055-1064.

[49] Wolda H. Diversity，diversity indices and tropical cockroaches. Oecologia，1983，58（3）：290-298.

[50] 葛颂，洪德元. 遗传多样性及其检测方法//钱迎倩，马克平. 生物多样性研究的原理与方法. 北京：中国科学技术出版社，1994：123-140.

[51] 季维智，宿兵. 遗传多样性研究的原理与方法. 杭州：浙江科学技术出版社，1999.

[52] 邱芳，伏健民，金德敏，等. 遗传多样性的分子检测生物多样性，1998，6（2）：143-150.

[53] 克里施纳默西·KV. 生物多样性教程. 北京：化学工业出版社，2006.

[54] 吴甘霖. 生态系统多样性的测度方法及其应用分析. 安庆师范学院学报（自然科学版），2004，10（3）：18-21.

[55] 傅伯杰，陈利顶. 景观多样性的类型及其生态意义. 地理学报，1996，51（5）：454-462.

[56] 汪永华. 景观生态学研究进展. 长江大学学报（自然科学版），2005，2（8）：79-83.

[57] Forman R.T.T.，Godron M. Landscape ecology. New York：John Wiley and Sons，1986.

[58] Turner M.G. Landscape ecology：the effect of pattern on process. Annu. Rev. Ecol. Syst，1989，20：171-197.

[59] 邬建国. 景观生态学——格局、过程、尺度与等级. 北京：高等教育出版社，2000.

第二篇 监测计划

4 监测工作的流程

生物多样性监测工作在流程上大体分为方案设计、监测准备、野外调查、室内工作四个阶段。

第一阶段：监测方案设计

监测方案是监测工作实施的依据，应尽可能地详尽与明确。设计方案的合理性和适用性在很大程度上影响着监测结果的质量，因此，在生物多样性监测方案中，需要根据监测区域的基本情况以及监测工作的目的，确定监测目标与监测对象，并制定详细的工作计划。具体包括：

- 明确监测的目标；
- 确定监测的内容和指标；
- 选择与设定监测技术与方法；
- 规定监测的站位、周期、时间；
- 规范监测结果的报告形式，包括报告的文本格式与要求以及监测结果的表示方法（包括结果表述形式、有效数字位数、可疑数据的取舍等）等。

第二阶段：监测准备

准备工作包括组织监测队伍，确定监测调查技术负责人，配备监测设备与设施，做好实施工作中的各种保障措施；收集已有的文献资料、研究报告、基础数据等，对监测区域的生物多样性情况做进一步掌握与分析。

第三阶段：野外调查

根据监测方案，使用规定的方法对监测区域开展生物多样性监测调查活动，定期收集监测数据并采集标本与分析样品。

在一些监测项目中，会需要对监测区域开展必要的预调查，掌握目标物种的分布范围、群落类型等情况，并在基础图件上描绘目标生态系统或物种的分布信息，然后根据监测方案的要求，在图上识别出样方、样线或样点的设置地点并编号以开展长期监测。

第四阶段：室内工作

室内工作主要有：标本整理与鉴定；样品的处理与检测；遥感解译；数据分析；数据库建设；以及编写监测报告等内容。

5　监测指标的确定

物种与生物群落是生物多样性保护的关键，物种水平的监测是大多数生物多样性监测与调查的重点。这既可以是对某一个物种的监测，也可以是对多类群物种的普遍监测。珍稀濒危种、重点保护种、建群种以及那些已知的或被认为是可能对人类有价值或危害的物种常被作为监测的主要对象。但生物多样性内涵广泛，包括遗传、物种、生态系统和景观四个层次，涉及组成、结构与功能等多个方面属性。各个层次间密切联系，外部因子对一个层次的影响会由于连锁的反应影响到其他层次。例如，某植物的不同基因型对于空气污染的耐受能力不同，当空气污染导致该植物种群衰退时，会改变其种群的遗传组成，降低遗传变异，而对空气污染耐受性较高的基因型会被选择出来(Scholz, 1981)。对多个层次进行监测与调查，有助于了解生物多样性问题的全貌，更有益于为生物多样性保护提供有用的信息。因此，如果有足够的条件支持，综合性生物多样性监测指标应尽可能地针对不同的组织层次、不同的空间尺度以及时间尺度。

此外，不应忽视影响生物多样性的环境因素，尤其是物种栖息与繁殖生境的环境条件。生境监测主要是监测影响物种分布、多度、生长与繁殖等的外部因素。对于植物群落而言，监测指标主要针对非生物环境因子，如土壤、地形、水分、气候特征等，以及区域内的主要人类活动与自然灾害。对于动物群落而言，监测指标除了包括相关的非生物环境因子、人类活动、自然灾害外，还应关注如生境中的植物群落组成等影响动物生存的重要因素。

由于受到人力、监测手段与技术、经济条件的限制，任何一个生物多样性监测项目都不可能面面俱到地评估生物多样性的所有属性，哪怕只是对于面积很小的一个监测区域（Clergue *et al.*, 2005）。因此监测需要根据监测目标以及监测区域生态系统与物种组成的特点等进一步筛选与确定具体的监测对象与监测指标。选择的监测对象应尽量有代表性，监测指标除了需要兼顾生物多样性的不同侧面，还应考虑指标本身的实用性和可操作性。

6 监测方法的选择

6.1 数据获取途径

监测数据的获取主要依靠野外实地观测、实验分析以及遥感观测分析三种途径。

野外实地观测是生物多样性监测调查最传统、应用最广泛的方法。野外实地观测可以最大可能地接近监测对象，直观地了解监测对象在自然环境中的现存状况与分布特点，及时捕捉到正在发生的现象，并获得真实可靠的第一手数据。野外实地观测方法简单、易于掌握，具有较高的适应性和灵活性，调查人员只要到达现场就能获得一定的感性认识，通过训练和经验积累便能较好地掌握。

实验分析对获取生物多样性监测数据而言是一种重要的补充手段。一些在野外无法进行分析测定的指标如生物量、浮游生物计数、遗传多样性等需要通过采样然后将样品带回实验室分析测定而获取分析数据。分析检验要求在条件满足的实验室环境下按照标准操作与程序进行，分析测定结果要达到分析与检测的精确度要求。

遥感观测是目前获取大覆盖范围内生态环境信息的主要手段，具有宏观、综合、动态和快速的特点。监测尺度可以从几平方公里到几十平方公里的景观到包含一定生态地理单元的区域或流域，乃至全球。通过遥感观测可以为监测提供包括植被类型及其分布、景观类型及其分布、植被生产力、植被覆盖率、植物物候等信息。近年来，随着高空间分辨率和高光谱分辨率遥感数据的发展，为利用遥感技术进行生物物种或种群监测提供了可能。目前常用的卫星遥感系统中，美国的 Landsat 卫星、法国的 SPOT 卫星、中国的 CBERS 卫星、美国的 IKONOS 卫星等被广泛地应用在陆地生态与环境监测中，美国的 SEASAT 卫星、日本的 MOS-1 卫星、欧洲的 ERS 卫星等被广泛地应用在海洋生态与环境监测中。从遥感数据中提取信息的方法主要包括：通过遥感数据分类解译得到专题类别信息，如土地利用图、土地覆被图等；建立基于遥感数据的指数模型以获取所需的生态信息，如归一化植被指数（NDVI）、比值植被指数（RVI）、修正归一化差值水指数（MNDWI）等。

6.2 选择方法需考虑的问题

在监测的内容与指标确定后，需要考虑使用适宜的监测方法来获取相应的监测数据。可供生物多样性属性监测的方法通常有多种选择，但对于一个具体的生物多样性监测项目而言，需要根据监测项目的要求确定最有效且具有可操作性的方法。如果由于监测方法不统一而造成数据不可比，则会制约信息的整合与应用。

在进行方法选择时，通常可从如下几个方面考虑：

（1）所使用的监测方法应能有效地测定期望了解的生物多样性特征，采集到的属性值数据能达到精确度要求。

（2）分析监测方法实施的难易程度以及可操作性与成本。对调查方法进行比较，根据监测区域的特点，选择最合适的、具有经济-成本效益（cost-effective）的方法。

（3）评估监测方法的实施是否会对物种与环境产生不利的影响。如果监测方法会伤害物种或破坏环境，则应不使用或谨慎使用。

（4）优先使用成熟且被广泛采用的技术方法，保证监测的可重复性、可再现性与稳定性。在条件许可的情况下，也应尽可能采用新的、可靠的先进方法。

（5）在具体工作与操作中，还需要根据分析测量的实际情况来选择合适的监测仪器。如树木胸径测量长期受到测量方法限制，测量精度很差。为提高测量精度，可以选择能准确测量的标准工具或装置，如使用测树胸径尺、安装树木胸径测量环等。对于树木胸高位置形状不规则时，可以采取变换方向多次测量取平均值的方法。在鉴定与计数浮游生物时，由于长期使用显微镜造成人眼视觉疲劳，人工计数误差增大。所以可以借助新型仪器，如浮游生物计数仪等，实现浮游生物总数自动累计和优势种属的自动判断，精确计量水体中的藻类和浮游动物的密度。

专栏 6-1　方法的精确度

精确度是测量的精密度（precision）与准确度（accuracy）的综合概念。精密度是指用相同的方法对同一试样进行多次测定，各测定值彼此接近的程度，它是偶然误差的反映。通常以误差的大小来衡量。如果各次测定结果之间越接近，误差越小，说明测量重复性好、稳定性高，结果的精密度就越高。准确度是指测定值与真实值符合的程度，表示测定的准确性，它是系统误差的反映。通常用偏差表示。偏差越小，准确度越高，说明测量的平均值与真实值偏离越小。

在实际测量中，影响精确度的可能主要是系统误差，也可能主要是随机误差，当然也可能两者对测量精度的影响都不可忽略。精密的测量是得到准确结果的前提。精密度低的测定是不可靠的，应首先提高测定的精密度。但是精密度高的测定，也并不一定准确。只有同时满足准确度和精密度的测量值才是可靠的结果。

1. 误差的表示方法

$$绝对误差（E）= 测定值（X）- 真实值（T）$$

$$相对误差（RE）= \frac{绝对误差（E）}{真实值（T）} \times 100\%$$

由于测定值可能大于真实值，也可能小于真实值，所以绝对误差和相对误差有正负之分。

2. 偏差的表示方法

（1）绝对偏差和相对偏差只能用来衡量单项测定结果对平均值的偏离程度。

$$绝对偏差（d）= \left| 某一次测定值（X_i）- 平均值（\overline{X}）\right|$$

$$相对偏差（Rd）= \frac{绝对偏差（d）}{平均值（\overline{X}）} \times 100\%$$

（2）平均偏差与相对平均偏差用来衡量多次测定数据整体的精密度。

$$平均偏差（\overline{d}）= \frac{\sum\limits_{i=1}^{n} \left| 某一次测定值(X_i)- 平均值(\overline{X})\right|}{平均值（\overline{X}）} \times 100\%$$

$$相对平均偏差（R\overline{d}）= \frac{平均偏差（\overline{d}）}{平均值（\overline{X}）} \times 100\%$$

平均偏差和相对平均偏差无正负之分。

7　抽样

7.1　监测范围

监测范围的划定是生物多样性监测设计过程中的重要问题。监测范围可以是监测工作提前确定的感兴趣区域，也可能是需要根据监测对象的特性来具体划定的。

划定监测范围的关键是要具有代表性，即：

（1）物种组成的代表性。物种组成是决定群落性质的关键因素，在野外工作中常利用优势种或建群种来判断群落的同质性。监测区应能包含所在区域的主要物种，尤其是组成群落的优势种、建群种以及关键种和其他类型的重点关注物种。

（2）生境的代表性。监测站位应设置在能够反映生境基本特征的地方，且监测范围应足够大，以保证在长期的监测过程中不必重新规划。

（3）群落结构的代表性。群落有水平结构特征和垂直结构特征，监测区域应能体现群落的这些特点。

（4）人为影响的代表性。人为活动对生态系统的影响广泛存在，在设置监测站位时需要结合监测的目的选择适宜的区域。如果是调查群落的自然特征，应选择受人为干扰小的地段；但如果要调查人为活动对群落的影响，则要选择受人为干扰明显的典型区域。

此外，种群或群落的范围边界受到物种的生物学特性的影响，因此，如果是监测特定种群或群落，则需要对该种群或群落的现存状况进行前期调查，并基于调查结果确定种群或群落的生存活动范围，然后以该范围作为监测范围。对于植物种群，通常要从植株的生长分布范围和种子的扩散范围两个方面进行考虑；对于动物种群，则需要考虑其巢穴或防御的领地范围以及取食空间范围，对于有迁徙或洄游行为的物种，还应包括其迁徙扩散区域。

7.2　抽样调查的必要性

在野外进行全面、普遍的监测与观测在一些情况下是可能的，比如目标物种非常珍稀，且地理分布范围窄，易被发现。但在大部分实际工作中，开展普遍观测的可能性很小，而且也不必要。一方面是因为铺开全面的监测调查需要大量的人力保障以及昂贵的经费投入，另一方面也受到监测技术与监测方法的限制。对于一些监测项目或在特殊情况下，全面调查也不一定能得到准确的调查结果，尤其是如鸟类等迁徙移动能力强的物种或群居且数量极多的物种，要实现全部个体的确准计数并不可行。

为了获得准确的定性或定量数据，野外监测调查工作中通常采取抽样调查的方式。样地与样方、样带、样点等都是抽样的样本单位，但它们强调的对象和层次不同。样地一般指在监测调查时所选取的一定面积的能代表群落与生境特征的地段。而样方、样带、样点等取样单元一般指在监测样地内所选择的具体的调查点。样地重复代表着调查群落或生境类型的重复，样方、样带、样点重复代表着样地内调查单元的重复。与全面调查相比，抽样调查可以节省人力、费用和时间，并提高监测的时效性。

7.3　样地

7.3.1　样地设置

在选择样地时，要求：① 样地应设置在所监测的生物群落中心的典型部分，种类组成要均匀一致，避免选在两个类型的过渡带上；② 群落结构要完整；③ 样地条件要一致，尤其是植被和土壤应相对均质；④ 不同的样地之间要具有异质性。样地选好后，可以用明显的实物标志进行标记，并设置必要的保护性围栏，以便明确观察位置和范围，开展长期监测。

按群落学原理，样地的形状对监测影响不大（贺金生等，1998）。样地形状可以有多种选择，包括方形、圆形、三角形、带状，以及不规则形状，主要是为了方便监测与计算。在植被调查中，通常采用正方形样地。

样地的数量与面积取决于监测对象的分布以及监测区域的生态系统类型及物种多样性的复杂程度等。如果每种生境类型仅选择 1 个样地重复，那么即使在样地内设置再多的样方、样带或样点重复，其调查数据很有可能也仅仅代表着样地所在生境类型具有的特征，而不能反映监测区域整体的多样性情况。所以在条件许可的情况下，最好保证样地有足够重复，样地的面积设置足够大。考虑到人力和物力限制，样地的数量一般选取 3～5 个，森林类型监测样地面积通常在 1 hm² 以上，草地类型监测样地面积不宜少于 10 hm²，荒漠类型监测样地面积为 1 hm²，湿地类型监测样地面积应大于 4 hm²。

在设置样地面积时还需要考虑样地内调查单元（如样方、样线、样点）设置方式的影响，尤其是边缘效应和取样独立性等问题。应保证样地面积足够大并满足采样的需求。

边缘效应是保证取样成功需要注意的重要因素。边缘效应一般指由于生境边缘在风速、光照、捕食、寄生以及种间关系方面与生境内部差异，由生境内部到边缘所呈现出的梯度变化（Yahner，1988；Holland *et al.*，1991；Saunders *et al.*，1991；Murcia，1995）。在监测调查中，为了减少边缘效应可能导致的偏差，样方、样线或样点需要尽量避免在生境边缘取样，一般应距生境边缘 15～25 m，如果条件允许，最好距生境边缘 100 m 以上。

取样单位的独立性也是保证取样成功的关键因素。为了保证取样独立性，重复的样方、样线或样点间需要有足够的距离。如果距离过近，样地间或样点间的取样会因为交互作用产生干扰，导致取样数据产生偏差。间隔距离的设置根据不同的调查对象有所不同。

7.3.2　固定样地

固定样地用于定点、定期的长期观测。固定样地内通常只允许进行非破坏性观测，如非破坏性的生物观测、水分指标观测等。如需进行破坏性的调查项目，如生物量取样、土壤动物取样、土壤取样等，应在固定样地附近选择条件和固定样地相同或相近的地段作为破坏性取样地。动物监测的固定样地一定要包括动物的主要生境。调查过程中，应尽量保护原有的生态环境，最好不要杀死动物。否则应降低取样频率，如同一块样地的调查时间间隔宜在 3 个月以上。

固定样地的使用也受到一些因素的限制。比如：① 标记和定位固定样地比较困难与耗时；② 监测过程中，由于踩踏等原因，可能改变或破坏固定样地内监测对象及其周围的环境，有时甚至会造成采样对象从样地中消失；③ 一些偶然发生的事件，如局部的火灾、树木枯倒等，会对样地产生不均匀的影响，使得监测记录结果出现明显的偏差，造成固定样地监测结果不再能代表整个区域的情况；④ 一些不可预测的原因（如洪水等）可能会毁坏固定样地，造成监测无法继续开展。此外，在长期的监测过程中，还要避免周围环境出现人为的破坏。如果发生了取样点意外损失，要准备相应的预备措施，如备用样地等。

7.4　取样方法

在样地内进行取样调查，应保证取样单元具有代表性，尽可能满足观测和取样位点的布局在整个长期监测期间相对稳定，尽可能避免各次取样之间在空间上的相互干扰，并尽可能保护样地，使人为破坏降到最低。植物种群和群落调查中常用的取样方法有样方法以及样线法、点-四分法等无样方取样法；动物种群调查中常用的取样方法包括样方法、样线法、样点法、标记重捕法、去除取样法等。在选择取样方法时，要根据监测区域的具体情况，从监测对象的生物学特征、环境条件以及取样目标等方面进行设计。

7.4.1　样方法

样方是设置在样地内，由测绳或样方框围成的一定面积的方形地块，是能代表样地特征的基本采样单元。样方的布局对监测结果的准确度有很大的影响，随机取样是确保取样代表性的关键。随机性要求任何一个样本单位都有相等的机会被抽取。确保随机性最好的方法是将样地分成大小均匀的若干部分，对每部分进行编号，并确定相应的坐标位置，然后利用随机数字表或抽签等方法选出一定数量的、占有一定位置的样方。这种方法也称为简单随机取样（simple random sampling），其取样方法符合随机性原则，但当总体规模很大时较难操作，主要适合于总体规模不大、内部差异也不是很大的情况。

除简单随机取样的方法外，抽选样方还可采取系统取样（systematic sampling）、判断取样（judgement sampling）、分层取样（stratified sampling）、整群取样（cluster sampling）等方法。

系统取样又称机械取样。取样时先将总体各单位按某一属性特征排序，然后按照一定的间隔抽取样本。如沿河流每隔一定距离进行取样。系统取样的优点是布点均匀、操作简便。但如果取样对象的特征具有周期性，而取样间隔与这种周期一致时，会导致选取到具有较大偏差的样本。

判断取样是基于调研人员的思考与主观判断来抽取样本的方法，操作简单、方便。当监测珍稀物种时，常基于之前的发现经历或调研人员的经验知识来确定调查点，这可以提高发现这些物种的可能性。但基于这种方法获得的样本的代表性取决于调研人员个人的知识、经验和判断能力，主观性、随意性较强，取样误差难以控制。

分层取样是将总体全部单位按某种属性特征分为若干层（或类型），然后从每层（或类型）中采取随机取样或其他方式挑选样本。分层取样适用于总体规模大且单位间具有明显差异的调查对象，有利于缩小取样误差。但该方法要求调研人员对总体情况较为了解，否则难以设计出合理的分层样本。

整群取样是先将总体按其自然形态（如地域范围）分为若干群，然后随机抽选一个、两个或多个群作为样本，并对已抽中的群中的所有单位进行全面调查。整群取样适用于没有或难以构造总体框架的总体的取样调查。其取样单位比较集中，操作方便。但也正因为取样单位集中，显著地影响了单位分布的均匀性，导致在样本容量一样的情况下，整群取样的取样误差大于其他方法的取样误差。

动物调查中常使用简单随机取样法和分层取样法，植物调查中常使用简单随机取样法和系统取样法。无论使用哪种取样方法或采用多种方式相结合的方法，目的都是为了使取样更合理，使样本具有代表性，能最大限度地反映总体的情况。

7.4.2 样线法

样线法是在样地内布设一定数量、一定长度的样线，并沿样线进行观测调查的方法。样线的布设有多种方式。最常用的一种方式是在样地内用测绳拉一直线作为采样基线，然后沿基线用简单随机取样法、系统取样法或分层取样法选出一些测点，并以这些点作为起点，沿垂直于基线的样线进行调查，如图 7-1 所示。样线也可以以样地中心地带为原点，然后沿四个方向分别设置，如图 7-2 所示。样线还可配合样方进行布设，即在样方确定后，从样方的中心点向一组对角的方向延伸，如图 7-3 所示。

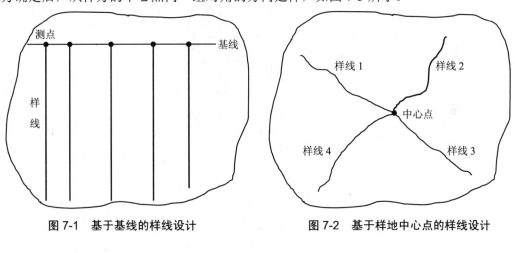

图 7-1 基于基线的样线设计　　　　图 7-2 基于样地中心点的样线设计

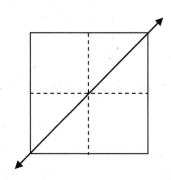

图 7-3 配合样方的样线设计（箭头线为样线）

7.4.3 样点法

样点法是在样地中选取一系列固定观测点，并一定时间内在这些观测点上进行观测的方法。观测点的位置可以通过随机取样、系统取样、判断取样、分层取样等方法进行设置。选择的观测点彼此之间不宜太过接近，应保持一定的间隔距离，以保证各观测点观测结果的独立性。

7.4.4　中点四分法

　　中点四分法是植被无样地取样中的常用方法。该方法在样地内设置两条相互垂直的 x、y 坐标线，再在 x、y 线上各确定一系列随机点，并从这些随机点引出与 x、y 线相平行的线，相互相交成方格网，再用罗盘等方法以交叉点为中心划分四个象限，调查各象限内最靠近中心点的植株，如图 7-4 所示。

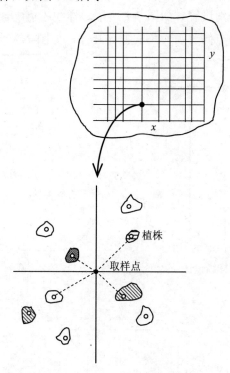

图 7-4　中点四分法布点示意图

7.4.5　标记重捕法

　　标记重捕法在哺乳动物、鸟类、鱼类、昆虫和腹足动物等动物种群数量绝对估计中有广泛的应用。其操作方法是在样地内捕捉一定量的动物个体并进行标记，然后将动物个体释放，经过一个适当时期，待标记个体与未标记个体重新充分混合分布后，再进行重捕，并根据重捕样本中标记者的比例估算该区域种群总数。

　　估算公式为：

$$N = Mn/m$$

　　式中，N 为样地中种群个体总数；M 为样地中标志个体总数；n 为重捕个体数；m

为重捕中标志个体数。

标记重捕法基于这样的前提假设：种群中标记个体释放后重新分布在未标记的个体中，再次取样时，标记个体与未标记个体被捕捉的概率相等；在调查期间，样地内的个体没有迁入与迁出，没有新的个体出生和死亡。在使用这种方法时需要注意，在捕捉、标记到释放的操作与过程中，都不能对标记个体的寿命和行为造成伤害。

进行标记的方法有群体标记法和个体标记法两类。

群体标记法是对捕获的全部动物个体用相同的标记方法，通常以着色为主。最普遍使用的着色材料是油漆、清漆等油溶性颜料。对哺乳动物进行标记常使用染发剂。但由于很多颜料或染料具有毒性，所以在使用时要注意是否会对动物表皮产生伤害。

个体标记法是对捕获的动物个体逐个编号或进行特殊标记。如利用标签法将进行过编码或其他记号的标签挂在动物身上。鱼类、两栖类、爬行类标签标记常用颌骨标签法，即用金属丝或丝绒将牛皮或金属材质的环牌等标签挂在动物的上、下颌或鱼类的鳃盖骨上；鸟类标签标记普遍使用编码足环，足环通常用铝或塑料制作；哺乳动物标签标记常使用环牌状标签，将标签挂在动物的足、耳朵、尾巴、脖子等部位。此外，畸态法也是常用的动物标记方法。鱼类的畸态标记通常是部分或整个地剪去一个或几个鱼鳍；两栖类、爬行类（如蜥蜴、龟、鳖等）、啮齿类的畸态标记通常是剪去脚趾，根据剪前足或后足、一个或多个脚趾，区别标记不同的个体；蛇类的畸态标记可以使用剪切法，剪除不同数量、不同部位的鳞片或切去肛板不同位置的边缘，也可以使用文身法，在鳞片上进行打孔编码或标记别的特殊符号。

7.4.6　去除取样法

去除取样法又称移动诱捕法（removal trapping method），该方法是每次从生境中捕去已知数量的动物，随着连续的捕捉，种群内个体数逐渐减少并影响到下一次的捕捉数量，通过捕捉量的下降率与种群密度和已除去数量的关系，用相对估计法估计种群绝对量。

使用去除取样法需要满足三个前提假设：每次捕捉的方法和努力程度应该相同，且捕捉活动不能影响未捕动物被捕的概率；每次捕捉时，每个动物个体被捕获的概率相等；种群为封闭种群，即在调查期间没有个体的迁入或迁出，也没有个体的出生与死亡。

运用去除取样法一般要进行 5 次或 5 次以上捕捉活动。在进行数据分析时，常采用回归分析法，通过直线拟合来分析种群数量估计值。构建坐标系时，以第 i 天的捕获量为纵坐标（y_i），以 i 天捕获量的累积量为横坐标（x_i）。当 $y=0$ 时，x 的计算值即为该种群数量的估计值。如图 7-5 中的示例。

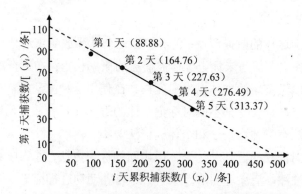

图 7-5   去除取样法估计鱼塘中鲢鱼的种群数量（叶建伟，2011）

7.5   样本数量

适当的样本数量是保证样本分析结果具有代表性的基本前提。取样误差与取样数目的平方成反比。随着取样单元（样方、样线、样点）的数目增加，调查误差逐渐降低。而样本数量太少，可能造成调查结果对总体缺乏足够的代表性，难以保证分析结果的精确度和可靠性。如一个单一的样本，无论其选择是多么考究，也只能提供对总体的不精确估计。但样本数量过多，也会增加监测调查的工作量，增加人力、物力、财力和时间的投入。

影响样本数量的因素是多方面的，包括总体的大小、总体的异质性程度、误差控制范围、使用的取样方法，以及监测项目的预算等。

在统计学上，以推算平均值为例，当总体为有限总体时，在不重复抽样的情况下，必要的样本数目的推算公式为：

（1）简单随机抽样：

$$n = Nt^2\sigma^2 /(N\Delta_{\bar{x}}^2 + t^2\sigma^2)$$

式中，n 为样本数；N 为总体单位数；t 为概率度；σ^2 为总体方差；$\Delta_{\bar{x}}$ 为抽样误差范围。

（2）系统抽样的必要样本容量的计算一般可以借用简单随机抽样的必要样本数的计算公式。

（3）分层抽样（等比例）：

$$n = Nt^2\sum N_i\sigma_i^2 /(N^2\Delta_{\bar{x}}^2 + t^2\sum N_i\sigma_i^2)$$

式中，N_i 为第 i 个亚总体的单位数；σ_i^2 为第 i 个亚总体的方差。

（4）分层抽样（不等比例）：

$$n = t^2 \left(\sum N_i \sigma \right)^2 / \left(N^2 \Delta_{\bar{\chi}}^2 + t^2 \sum N_i \sigma_i^2 \right)$$

（5）整群抽样：

$$r = t^2 R^2 \delta^2 / \left(N^2 \Delta_{\bar{\chi}}^2 + R t^2 \delta^2 \right)$$

式中，r 为应抽取的群数；R 为总体所包含的群数；δ^2 为群间的方差。

在野外工作中，为了节省人力与时间，常根据经验来确定合适的调查单元数量。一般认为 10～30 个取样单元基本可以满足样地内物种多样性和群落结构等项目的监测需求。

8　监测周期与监测时间

8.1　监测周期的确定

在监测中，可以按统一的固定周期对所有监测指标开展监测调查，也可以根据不同的监测指标的特点，分别设定各个指标的监测周期。第二种方式对于那些涉及范围广、监测对象多、监测指标复杂的综合性生物多样性监测尤为重要。但无论采取哪种方式，在设定监测周期与频率时都需要从如下几个方面进行科学的考虑：

（1）监测要素特征的内在变化速率。一些特征，如森林的植被组成、土壤的理化性质等，在没有灾害事件发生和人类干扰的情况下变化较慢，可能 5～10 年监测一次就可满足需求。但对于一些变化很快的特征，如植物的物候、样地内一年生植物的种类组成与生物量变化等，则需要较高的监测频率，及时记录发生的变化。

（2）外部干扰因素的影响。如自然灾害和人类活动等干扰因素会对生物多样性产生影响。尤其是当这些外部因素对监测要素特征的固有变化周期造成了影响和改变时，为了能检测到这些干扰导致的突发变化，在自然灾害或人为干扰发生后，需要及时进行补充调查，增加监测的频次。

（3）监测结果汇报频率。在国际公约以及一些监测计划中会对生物多样性监测评价结果的汇报时间进行要求，为满足生物多样性管理工作的需要，监测周期应结合相应的汇报周期进行合理的安排。

（4）预算与花费。生物多样性监测需要投入大量的经费和人力，在技术成本与投入的权衡下，应尽可能地增加监测次数。

8.2　监测时间的确定

监测时间是指在开展监测工作的年份中为实施某一指标调查的具体时间安排。物种监测应根据物种的活动节律安排合适的监测时间，通常是在物种繁殖或活动的高峰期进行调查。为掌握生境状况而进行的环境因子监测要根据环境因子的变化周期并结合物种监测的时间进行安排。在同一个监测项目中，各个监测指标在不同年份中的监测时间应尽量一致，以保证监测结果具有可比性。

（1）植物

陆生植物监测的最佳时间是春季（2—5 月）或秋季（9—11 月），这个时间多数植物处于开花或者结果的阶段，便于物种鉴定。

水生植物多为一年生或多年生草本植物，监测应在水生植物生长繁盛的季节开展。挺水植物和浮叶植物一般在每年 6—8 月大量繁殖，并在 8 月份生物量达到最高；沉水植物开花一般在 8—9 月，通常也在这一时期生物量达到最高。

（2）大型真菌

大型真菌监测最好与子实体高峰期相吻合。我国多数大型真菌都盛产于夏秋两季，因此可重点在 6—8 月的雨后进行监测调查。但一些种类如羊肚菌、马鞍菌等多发生在春末，应在春末及时调查。另外一些多年生多孔菌类一年四季均可采到，但以春季和晚秋进行监测为宜。

（3）地衣

除了有些不产生子囊果的种类外，大多数地衣在一年四季都能产生子囊果和子囊孢子，因此，一年四季均可采集与调查，而 4—11 月通常是观测与调查地衣的适宜时间。

（4）浮游生物

若条件允许，浮游生物监测应每月开展一次。如果条件限制，则应在春、夏、秋、冬四季各监测一次。一天中的监测时间以上午 8:00—10:00 为宜。

（5）土壤动物

土壤动物监测应在全年不同季节进行采样调查，每个季节取样 2~3 次。如果条件限制，至少在 6—8 月间进行监测调查。

（6）昆虫

昆虫种类繁多，生活习性差异很大，即使是同一种昆虫，在不同地区、不同环境中其活动节律也有所不同，因此昆虫监测时间宜根据监测对象而定，并因地制宜。在我国大部分地区，每年 4 月以后昆虫开始活动，6—9 月达到盛期，10 月以后逐渐减少；华南亚热带、热带地区全年均可以观察到昆虫。由于昆虫与植物关系密切，因此也可在一年中植物生长季节进行监测。

一天中的监测时间也应根据监测对象的生活习性进行安排。日出性昆虫一般在 10:00—15:00 活动最频繁，夜出性昆虫一般在 20:00—23:00 活动最频繁。

（7）大型底栖动物

于春、夏、秋、冬四季各监测一次，或根据需要适当增减监测次数。最低限度应在春季和夏末秋初各监测一次。对于水库中生活的种类，应在水库最大蓄水时和最小蓄水时进行调查。

（8）鱼类

通常于春、夏、秋、冬四季各监测一次，并根据调查对象的不同生活阶段（如产卵、索饵、越冬）确定具体的监测时间。若目标物种为洄游鱼类，则应选择洄游高峰期进行调查。

（9）两栖动物

两栖类监测调查最好是在夏季或秋季入蛰之前于调查对象的繁殖高峰期开展。很多种类在晨昏或夜间活动，对于这些种类可于日落前后一段时间或天气晴朗或暴雨刚过的夜晚进行调查。

（10）爬行动物

爬行类动物有冬眠的习性，监测应在春季动物完全苏醒出蛰并恢复正常活动后再开始进行，并在秋末动物进入冬眠之前结束。在我国大部分地区，4月中下旬至10月底是开展监测的适宜时间。

（11）鸟类

在我国越冬的候鸟应在越冬季节（10月—次年2月）进行监测；在我国繁殖的候鸟应在繁殖季节（4—7月）进行监测；其他鸟类应在全年不同季节进行监测。调查一般选择晴天或多云的天气进行，并尽量在鸟类一天中最活跃的早晨或傍晚。

（12）哺乳动物

于春、夏、秋、冬四季各调查一次。若条件限制，则至少调查两次，通常在 4—5月和 10—11月。

（13）潮间带生物

于春、夏、秋、冬四季各调查一次。若条件限制，可根据需要选取其中的1或2个季节进行。潮间带采样受潮汐限制，为获取低潮区（带）样品，须在大潮期间进行采样。

9 监测结果记录

9.1 记录形式

生物多样性监测记录的内容主要包括野外观测记录，如野外工作的时间、地点与地理信息，野外观察到的生物学和生态环境信息，包括生物群落类型、生境状况以及主要物种组成、数量、主要的威胁因素（如生境破坏、污染、过度利用、病虫害等）等，以及实验室分析记录，如一些监测指标的测试化验结果等。在结果的记录形式上通常包括如下类型：

（1）属性描述

即直接描述与记录监测指标的属性特征，如一些必要的环境信息与生境特征（如监测地点的名称、经纬度与海拔，是否为土石山，或者位于沟谷、山脊、村旁、路旁等），以及监测区域的群落类型与主要的物种组成等。物种的一些特征属性也可通过属性登记表示。如物种的栖息层次，是位于乔木层、灌木层，还是草本层，或是发现其的土层深度/水深？其生态位置是建群种、优势种，或是寄主？物候期属于哪个阶段？动物被间接发现的证据是足迹、粪便、食痕，还是擦痕、爪印、毛发、鸣声等？水生植物的生活型是挺水、沉水、浮叶，或是湿生？观测到的生物多样性威胁因素也可通过描述的方式进行监测，如生境破坏、污染、过度利用、病虫害等。此外，在调查无脊椎动物、低等植物、缺乏专家而无法鉴定的物种、取样技术对其是毁灭性的或不定量的物种、海洋中难以定量调查的物种时，可只观察该物种在所监测的生境中是否出现，登记属性值为"有"或"无"。

（2）分级序号

除了对属性进行直接记录，有时还通过对属性进行分类分级，记录属性的分级序号。如在监测与计数胶质团大群体和浮游蓝藻类等不易计数的种类时，常用数量等级符号如"+++"、"++"、"+"表示数量的多少。在记录物种的遇见率时，常使用"稀有"、"偶见"、"常见"、"丰富"、"已知消失"，或是"历史记录"的分级描述方式。这些记录结果比仅登记物种"有""无"包含更多的信息。

（3）具体数值

具体的测量数值是信息记录更丰富的一种记录方式，尤其是为了调查丰富度、种群数量、分布区面积等指标状况，如植被的高度、生物量、巢的个数、种子产量、每次捕获量、痕记数（如粪便、足迹、洞穴）等具体的定量测量结果可以用于进行有效的数值估算与分析。但获得定量监测结果也需要花费更多的时间以及人力、物力。有时，根据需要，定量监测的结果也转换为分级结果，如在鱼类丰富度调查中往往对计数结果进行统计，然后记录某些鱼类个体数占总种类个体数的百分比等级（如<55%、55%~70%、>70%）。

9.2　记录要求

为方便监测数据的分析以及统计处理，指标监测结果的记录应尽可能规范、统一。监测数据记录通常要符合如下要求：

（1）采用统一的数据记录表格，将观察与测定结果及时填写在原始记录表格中，不宜记在纸片或其他本子上再誊抄。如需修改记录，应在原数据上划一横线，并将正确数据填写在其上方，不应涂擦或挖补。如果使用了带数据自动记录和处理功能的仪器，应将测试数据转抄到记录表上，并同时附上仪器记录纸。

（2）规范数据的记录表达方法。包括规定登记内容的形式，是属性描述还是登记分级序号，或是记录定量监测的具体数值结果。如果是属性描述，应按照相关的说明或要求进行观测描述。如果是登记分级序号，应遵循统一的分类分级方法。如果是记录具体数值，应规范数据记录中的有效位数。有效位数的确定可参考如下原则：根据计量工具或仪器的精度来确定；按所采用的分析方法的最低检出限的有效位数确定；以百分数进行表示的参数如相对平均偏差、相对标准偏差、检出率、超标率等，通常视数值大小取小数点后 1～2 位。

（3）对观察检测过程中出现的问题、异常现象要进行记录，并对处理方法等进行说明。

参考文献

[1] Scholz F. Genecological aspects of air pollution effects on northern forests. Silva Fennica，1981，15：384-391.

[2] Boris Clergue，Bernard Amiaud，Frank Pervanchon，et al. Biodiversity：function and assessment in agricultural areas. A review. Agron. Sustain. Dev，2005，25：1-15.

[3] 魏彦昌，吴炳方，张喜旺，等. 生物多样性遥感研究进展. 地球科学进展，2008，23（9）：924-931.

[4] 武永峰，李茂松，宋吉青. 植物物候遥感监测研究进展. 气象与环境学报，2008，24（3）：51-58.

[5] 王文杰，蒋卫国，王维，等. 环境遥感监测与应用. 北京：中国环境科学出版社，2011.

[6] 郑师章，吴千红，王海波，等. 普通生态学——原理、方法和应用. 上海：复旦大学出版社，1994.

[7] 贺金生，刘灿然，马克平. 森林生物多样性监测规范和方法//面向 21 世纪的中国生物多样性保护——第三届全国生物多样性保护与持续利用研讨会论文集，1998：331-347.

[8] Yahner R H. Changes in wildlife communities near edges. Conservation Biology，1988，2：333-339.

[9] Holland M M，Risser P G，Naiman R J. Ecotones. The role of landscape boundaries in the management and restoration of changing environments. Chapman & Hall，London，UK，1991.

[10] Saunders D A，Hobbs R J，Margules C R.. Biological consequences of ecosystem fragmentation：a review. Conservation Biology，1991，5：18-22.

[11] Murcia C. Edge effects in fragmented forests：implications for conservation. Trends in Ecology and Evolution，1995，10：58-62.

[12] 王俊霞. 测定动物种群密度的"标志重捕法". 生物学教学，2005，30（11）：51-52.

[13] 叶建伟. 浅析去除取样法调查种群密度. 生物学通报，2011，46（12）：13-15.

第三篇　生境监测技术

10　生境描述

10.1　生境描述的要素

生境描述的要素一般包括监测区域的基本地理信息、地貌地形、气候条件、植被类型与植物群落名称、非生物环境因子（如水、土壤、沉积物等）状况、人类活动和自然灾害等。生境信息对于认识生物多样性，尤其是对于理解物种与种群的现状与变化具有重要意义。

大部分要素可以通过直接观察确定并记录相关信息，如地貌地形、植被类型与植物群落名称、人类活动与自然灾害等，另外一些要素可以通过资料收集的方法获取相关信息，如气候条件、水文等。这些要素通常只需要进行定性的描述。在描述的方式上宜尽量简洁明了、具体精练，起到概括生境特点的作用。

10.2　描述记录方法

10.2.1　地理位置

监测点的基本地理信息，包括经纬度和海拔。使用 GPS 测定并记录测定结果。

10.2.2　地貌

地貌主要记录监测区域的小地貌与微地貌。小地貌指水平面积在数平方千米到数十平方千米区域的地貌，如沟谷、河谷、新月形沙丘等。微地貌指水平面积在数平方厘米到数平方千米区域的地貌，如洼地、浅沟等。

① 平原：冲积平原、三角洲、冲积扇、波状平原、台地、洼地；

② 山地：高山、中山、低山、丘陵、高原、准平原、卡斯特、冰碛、冰缘；

③ 水成：高阶地、中阶地、低阶地、冲沟、坳沟、劣地、其他；

④ 风成：沙丘（1～3 m）、沙丘（3～8 m）、沙丘（8～20 m）、沙丘（>20 m）、丘间洼地、沙地、残丘、戈壁、剥蚀台地、土漠、雅丹、风蚀洼地。

10.2.3　地形

地形包括坡位、坡向、坡度、坡形等。

① 坡位：山顶、上坡、中坡、下坡、坡麓；

② 坡向：按坡度的朝向分八个方位，如东南、南、西南、西、西北、北、东北、东；

③ 坡度：通常可分为八级，如 0°～2°、3°～5°、6°～15°、16°～30°、31°～45°、46°～60°、61°～75°、>75°；

④ 坡形：分为凸、平直、凹、复合、阶梯；

⑤ 其他：记录坡长、相对高度等。

10.2.4　气候条件

根据气象监测资料，记录监测点的气候类型以及温度、降水、日照等基本气象因素状况。

10.2.5　植被类型

参考《中华人民共和国植被图（1∶1 000 000）》（张新时，2007）、《中国植被及其地理格局：中华人民共和国植被图（1∶1 000 000）说明书》（张新时，2007）、《中国植被》（吴征镒，1980）以及地方植被志等，确定与记录监测区域的基本植被类型。

10.2.6　人类活动

记录样地及其周围相邻区域的人类活动方式及影响强度。

① 影响方式：垦殖、撂荒、伐林、造林、割草、放牧、采掘、火烧、开矿、道路、施肥、灌溉、补种、排水、旅游、污染、垃圾、狩猎、养蜂、围护、梯田、筑坝、次生盐碱、保护区、其他；

② 影响强度：无；害——弱、中、强；益。

10.2.7　自然灾害

记录样地所在区域每年主要发生的自然灾害类型及其影响强度。

① 灾害类型：崩塌、泥石流、滑坡、雪崩、冲刷、流失、风蚀、沙埋、火山、风暴、洪水、冰雹、其他；

② 影响强度：无、弱、中、强。

10.2.8　水文

根据水文观测资料，整理与记录相关信息。必要时，可进行现场测量。

（1）地下水

① 潜水深度；

② 补给类型：大气降水入渗补给、地表水入渗补给、人工补给。

（2）河流

① 丰水期、平水期、枯水期的划分；

② 河宽；

③ 水深；

④ 正常径流量：指多年径流量的算术平均值，反映某断面多年平均来水情况；

⑤ 流速：河流中水质点在单位时间内移动的距离，单位为 m/s。

（3）湖泊

① 成因：构造湖、火山口湖、堰塞湖、河成湖、风成湖、冰成湖、海成湖、岩溶湖、水库/人工湖泊；

② 丰水期、平水期、枯水期的划分；

③ 面积和形状；

④ 水深；

⑤ 流入、流出的水量；

⑥ 水温分层情况。

（4）海湾

① 海岸形状；

② 海底地形；

③ 潮位与水位变化；

④ 潮流状况（大潮和小潮循环期间的水流变化、平行于海岸线流动的落潮和涨潮）。

10.2.9　土壤

观察与记录样地土壤的类型、主要的地表覆盖物，以及土壤剖面特征。观察土壤坡面特征需要挖制土壤剖面，土壤剖面的挖制方法见"12. 土壤"中的相关内容。

① 土壤类型：我国土壤分类采取多级分类制。其高级分类自上而下为：土纲、亚纲、土类、亚类；低级分类自上而下为：土属、土种、变种。土壤分类类型可参考国家标准《中国土壤分类与代码》（GB/T 17296—2000）。

② 地表覆盖：基岩、砾石、沙、细土、盐碱、植物、枯落物、其他。

③ 土壤剖面特征：通过挖制土壤剖面，观测与记录土层深度、土壤颜色、土壤结构、土壤质地、土壤湿度、新生体等特征。

专栏 10-1　土壤剖面特征说明

土壤颜色：指土壤内在物质组成在外在色彩的表现。土壤颜色采用芒塞尔颜色命名系统，将土块与标准颜色卡对比，然后命名。并可用两种颜色来表示，如棕色分为暗棕、黑棕、红棕等。

土壤结构：指土壤固体颗粒的空间排列方式。按土壤结构形状和大小可分为块状、核状、柱状、片状、微团聚体及单粒结构等。

土壤质地：指土壤中各种颗粒（砾、砂、粉粒、黏粒）的重量百分含量。

土壤湿度：根据土壤中水分含量情况，将湿度分为干、潮、湿、重湿、极湿等。

新生体：指土壤形成过程中新产生的或聚积的物质。按外观分为新生体盐霜、盐斑、结核等。

11　植被

11.1　植物群落调查

11.1.1　样方调查

11.1.1.1　样方布设

植物群落调查样方的形状通常为方形，其大小通常使用最小面积法来确定。理论上，样方面积不应小于监测区域植物群落的最小面积。确定最小面积的常用方法是"种—面积曲线法"（宋永昌，2001）。其基本原理是：逐渐扩大取样样方的面积，样方中出现的物种数也会随着取样面积的增加而快速增加，当取样面积增大到一定程度时，样方内新增的物种数逐渐趋于平缓。通常情况下，当样方面积扩大 10%而物种数增加不超过 10%时的面积可以作为最小样方面积。

在进行野外调查时也可参考前人的研究结论与实践经验确定合适的调查样方面积，如表 11-1 所示。在森林类型的监测样方中，进行灌木和草本监测的副样方一般按五点梅花状在乔木监测主样方中取 5 个样方，分别设置在主样方的四个角以及对角线的交叉点上。

表 11-1　植物群落调查经验样方面积

植被类型	样方大小
热带雨林	乔木，50 m× 50 m；灌木，10 m×10 m；草本，5 m×5 m；层间植物，10 m×10 m
亚热带常绿阔叶林	乔木，40 m×40 m；灌木，10 m×10 m；草本，5 m×5 m；层间植物，10 m×10 m
阔叶林或针阔混交林	乔木，20 m×20 m；灌木，10 m×10 m；草本，2 m×2 m；层间植物，10 m×10 m

植被类型	样方大小
针叶林	乔木，10 m×10 m；灌木，5 m×5 m；草本，1 m×1 m
灌丛、幼年林	4 m×4 m～10 m×10 m；草本，1 m×1 m
草地	1 m×1 m～4 m×4 m
荒地/泥地	1 m×1 m～4 m×4 m；植被十分贫瘠时，10 m×10 m
水生植物	2 m×2 m～10 m×10 m；沉水植物，0.2 m×0.2 m～0.5 m×0.5 m
湿地和草本沼泽	4 m×4 m～10 m×10 m
盐碱地	1 m×1 m～4 m×4 m
沙丘	1 m×1 m～4 m×4 m
碎石滩	2 m×2 m 或 4 m×4 m

11.1.1.2　调查内容

植物群落调查的内容主要包括植物种类组成、种群数量特征等，并基于分种调查结果，按样方统计群落特征。

表 11-2　森林植物群落组成与特征监测内容

	监测内容
乔木	样方内的物种种数、种类、优势种、群落郁闭度、枯死木数量； 分种统计密度、多度、频度、平均高度、平均胸径； 每木测量胸径、高度
灌木	样方内的物种种数、种类、优势种、总盖度； 分种统计株（丛）数、多度、频度、平均高度； 每木测量基（丛）径、高度
草本植物	样方内的物种种数、种类、优势种、总盖度； 分种统计株（丛）数、多度、频度、平均高度、生活型
层间植物	附（寄）生植物： 样方内的物种种数、种类； 分种统计株（丛）数、多度、频度、所处空间的高度、附主或寄主植物种类、附（寄）生部位。 藤本植物： 样方内的物种种数、种类； 分种统计株数、多度、频度、基径、1.3 m 处的粗度、估计长度等

表 11-3　草地植物群落组成与特征监测内容

	监测内容
草本植物	样方内的物种种数、种类、优势种、总盖度； 分种统计株（丛）数、多度、频度、平均高度、生活型

表 11-4 荒漠植物群落组成与特征监测内容

	监测内容
小乔木/灌木	样方内的物种种数、种类、优势种、总盖度； 分种统计株（丛）数、多度、频度、平均高度； 每木测量基径、高度
草本植物	样方内的物种种数、种类、优势种、总盖度； 分种统计株（丛）数、多度、频度、平均高度、生活型

表 11-5 水生植物群落组成与特征监测内容

	监测内容
大型水生植物（包括挺水植物、浮叶植物、浮水植物、沉水植物）	样方内的物种种数、种类、优势种、多度、频度、生活型、生物量
浮游植物	浮游植物种数、种类、优势种、多度、生物量

11.1.1.3 调查指标说明

（1）胸径

胸径又称干径，指乔木主干离地面 1.3 m 处的直径。断面畸形时，测取最大值和最小值的平均值。

（2）基径

基径指树木主干离地面 0.3 m 处的直径。

（3）高度

高度指从地面到植株茎叶最高处的垂直高度。乔木通常采用目测法，灌木和草本植物采用实测法。

（4）密度

密度是单位面积或单位空间上某一植物的个体数。采用计数的方法测定，单位为株（丛）/m²。

$$密度 = 样方内某种植物个体数/样方面积$$

（5）多度

多度表示某一植物在群落中的个体数目。对于乔木通常进行直接点数，对草本和低矮灌木采用目测估计。

Drude 多度等级划分标准为：

- Soc——"极多"，植物地上部分郁闭，个体数比例 75% 以上；
- Cop3——"很多"，植株很多，个体数比例 50%～75%；
- Cop2——"多"，个体多，个体数比例 25%～50%；
- Cop1——"尚多"，个体尚多，个体数比例 5%～25%；
- Sp——"少"，植株不多且分散，个体数比例＜5%；

- Sol——"稀少",植株稀少,偶见一些植株;
- Un——"个别",仅见 1 株或 2 株。

（6）频度

频度指某一植物在监测区域内出现的频率,反映了物种分布的均匀性。以包含该物种个体的样方数占全部调查样方数的百分比统计。

（7）盖度

盖度分投影盖度和基部盖度。

投影盖度是指植物的地上部分垂直投影面积占样方面积的百分比。

基部盖度是树木树干基部断面积与地面的比率。

灌木和草本植物的盖度常用目测法测定。

Braun-Blanquet 盖度等级划分为:

级别	盖度/%
5	100～75
4	75～50
3	50～25
2	25～5
1	5～1
+	＜1

（8）郁闭度

对于森林群落常用郁闭度来表示乔木层的投影盖度。常用十分法表示,范围为 [0,1],完全郁闭时为 1。乔木层投影盖度的调查方法有树冠投影法、样线法等。

11.1.1.4　个体识别与定位

为准确识别植物个体,方便长期连续监测,样方内胸径≥2 cm 的乔木植株应进行定位、挂牌。乔木树种的幼苗（胸径＜2 cm）可不挂牌,但应标出其在样方中的位置。

识别牌通常采用不锈钢或铝的材质,大小 20 mm × 50 mm。在识别牌正面刻上编号,在一侧中央打孔,用铁丝或钉子固定到树干上。

测量个体在样方中的坐标位置,并根据测量结果绘制个体定位图。还可结合数码相机进行野外实地拍摄,丰富定位信息。

11.1.2　无样地调查

11.1.2.1　取样点布设

中点四分法是最常用的无样地取样方法,适用于对森林植被中乔木种类组成及其特征的调查,并以植物个体间的距离作为多度测定的统计量。取样点的布设方法参见本书第 7.4.4 节。通常需要设置 20 个以上的取样点才能获得较有效的调查结果,客观地反映群落中的物种组成情况。

11.1.2.2　调查内容

以每个取样点为中心划分4个象限，分别观测每个象限内距取样点最近的一株立木，记录植株种类，测定其胸径、基径、树高、冠幅以及树到取样点的距离，统计平均点株距、平均每株面积、密度、频度等指标。

11.1.2.3　调查指标说明

（1）平均点株距

平均点株距（d'）为观测植株到各自取样点的距离的总和除以总株数的值。

（2）平均每株面积

平均每株面积（MA）即为平均点株距的平方。

（3）密度

总密度（D）的计算方法为：$D=$ 单位面积$/MA$。单位面积可取 $100\ m^2$ 或 $10\ 000\ m^2$ 等。

某个种在单位面积上的密度（D_i）的计算方法为：$D_i=(n_i/n)\times D$；其中，n_i 为某个种的株数，n 为总株数。

（4）频度

某个种的频度计为该种出现的取样点数与总的取样点数的百分比值。

11.1.3　群落特征分析

11.1.3.1　重要值

重要值（important value）是 Curtis 和 McIntosh（1951）在研究森林群落时首次提出的，它是衡量某个物种在群落中的地位和作用的综合指标。其计算公式为：

$$重要值=相对密度+相对频度+相对优势度（相对基盖度）$$

用于灌木、草本群落时，计算公式为：

$$重要值=相对密度+相对频度+相对基盖度$$

其中：

$$相对密度=\frac{某个种的株数}{群落中全部种的总株数}\times100\%$$

$$相对频度=\frac{某个种的频度}{群落中全部种的总频度}\times100\%$$

$$相对基盖度=\frac{某个种的基盖度}{群落中全部种的总基盖度}\times100\%$$

$$相对盖度=\frac{某个种的盖度}{群落中全部种的总盖度}\times100\%$$

11.1.3.2　物种多样性指数

物种多样性指数又称为异质性指数，是反映丰富度和均匀度的综合指标。常用的多样性测度指数有 Simpson 多样性指数、Shannon-Wiener 多样性指数等。计算方法参见本书第 3.1.3 节专栏 3-1。

11.1.3.3 相似性指数

相似性指数（index of similarity）是衡量两个样方物种组成相似程度的指标，也是测定群落间 β 多样性的最简便的方法。相似性指数的形式很多，应用较为广泛的有 Jaccard 系数、Sørenson 系数和 Dice 系数。计算方法参见本书第 3.1.3 节专栏 3-3。

11.2 植被拍摄

植被拍摄是进行植被调查的重要补充手段，拍摄的照片记录了调查区域植被的整个视觉情况，有助于直观地认识调查区域植被特征，也可作为重新快速并准确地找到原来的样地的一种重要参考资料。

拍摄植被包括两个层次，一是对群落外貌的拍摄，二是对群落内部结构特征的拍摄。

群落外貌拍摄类似于一般的风景摄影，但在拍摄时要求把握群落外貌所反映的植被特征，而不能仅仅从构图美观的角度进行取景。为此，拍摄者在拍摄前需要站在距调查群落有一定距离的地方观察，选取尽可能完整地记录群落外貌的角度。群落外貌照片要求画面清晰，可以通过选择较小的光圈来获得大景深，使前景和远处的成分都能清晰地记录。在拍摄范围比较广阔的对象时，还可以使用广角镜头，获得较大的视角范围。

群落内部结构特征拍摄包括对群落垂直分层结构的记录、对群落内特殊生态现象（如附生现象、绞杀现象、板根现象等）的记录、对群落内特殊小生境（如枯倒木、林窗等）的记录，以及对群落内人为活动/干扰的记录等。拍摄群落内部结构特征时要注意：① 要完整地记录拍摄对象，并避免图像变形；② 为避免拍摄中相机抖动，获得清晰的图片，最好使用三脚架稳定相机；③ 若使用数码相机进行拍摄，尽可能采用相机的最高像素；④ 为避免照片对比度太强，不宜在直射光下进行拍摄。

11.3 植被图编制

植被图即植物群落类型的空间分布图。制作植被图可以直观地反映监测区域的植物群落分布规律和分布面积，并成为进行动态监测和生态功能分析的一种重要方法，在植被资源的监测、研究和保护等领域具有广泛的应用价值。

11.3.1 植被分类与命名

我国的植被分类系统以植被型、群系、群丛作为基本分类单位。从高级到低级分别为：（植被型组）→植被型→（植被亚型）→（群系组）→群系→（亚群系）→（群丛组）→群丛。不同等级的分类单元所采用的划分依据和指标具有一定的差异。高级分类单元偏重于生态外貌，而中低级的分类单元着重种类组成和群落结构。在构建某一监测区域的植被分类系统时，应先查阅已有的植被分类系统，不宜不参考已有成果而随意规定植被分类体系。

在分类时，制作小比例尺植被图（比例尺＜1：100万）通常划分到植被型或植被亚型，以概括性地、简单明了地表示出较大区域内植被的水平地带性和垂直地带性规律；中比例尺植被图（比例尺1：10万～1：100万）一般要求划分到植被亚型或群系组，能较具体地反映植被分布格局状况；大比例尺植被图（比例尺＞1：10万）要求划分到群丛或群丛组，或根据具体要求进行设置，做到尽可能详细具体。

对植被型进行命名通常基于区域的生态环境和植被的外貌特征，参考如《中国植被》等已经出版的植被专著，通过对比给出恰当的植被名称。

群系的命名要根据主要层次的建群种或共建种。凡是建群种或共建种相同的植物群落联合为群系，如兴安落叶松林、云南松+旱冬瓜林、大针茅草原、芨芨草草甸等。

群丛是植物群落分类的基本单位。群丛是根据各层次的优势种或共优种来识别，凡是层片结构相同且优势层片与次优势层片的优势种或共优种相同的植物群落联合为群丛。其命名通常采用乔木层优势种－灌木层优势种－草本层优势种的命名法。在各层间用"－"连接，如果同层间有多个共优种，则用"+"连接。如：细叶青冈+木荷+青冈－山羊角+柃木+紫金牛－中生禾草群丛。

11.3.2　植被图编制方法

植被制图在技术水平上经历了从手工描绘阶段到遥感与GIS集成阶段的发展过程。将遥感方法应用于植被制图开始于20世纪70年代。随着计算机技术和遥感技术的发展，利用"3S"集成技术进行植被制图受到广泛关注，并作为一种十分有效的技术方法得到普遍应用。

利用遥感方法编制植被图的基本流程包括：

（1）室内准备阶段：收集和熟悉制图区域的有关资料和图件，了解制图区域的自然环境特点和植被分布概况；获取遥感影像，并对遥感影像进行必要的预处理；在遥感图像上叠加一些可用的专题地图、地形图等信息，编制植被图草图；制定野外调查工作计划。

（2）实地调查阶段：沿设计制定的野外调查线路对制图区域进行调查；以植被草图为基础，借助GPS定位，判别草图上主要的大图斑以及图斑交汇处的植被类型与镶嵌情况等；将植被分类单位在野外标绘到图上，编制野外样图。

（3）室内工作阶段：回到室内后，整理野外调查资料，并根据野外调查结果对植被草图进行完善，绘制并输出植被图。

植被图编制过程中如遥感影像预处理、遥感影像解译与分类、野外调查以及生态制图的具体技术操作方法可参见本书第五篇中的相关内容。

11.4 植被遥感监测

植被遥感监测基于植被的光谱特征，即植被在可见光部分有较强的吸收，在近红外波段具有强烈的反射。通过遥感卫星探测这些敏感波段，利用卫星探测数据的组合与数学变换来反映植被的生长状况。

植被指数即是由多光谱数据经线性和非线性组合构成的对植被生长信息有一定指示意义的指数。常用的植被指数有归一化植被指数、差值植被指数、比值植被指数等。这些指数与叶面积指数（LAI）、净初生产力（NPP）等生物物理参数有着密切的关联，具有空间覆盖范围广、时间序列长、数据一致可比性的特点，是用于监测与反映植被生长状态、植被覆盖度的重要参数。

（1）归一化植被指数（NDVI）

$$NDVI = \frac{NIR - R}{NIR + R}$$

式中，NIR 与 R 分别为近红外和红外波段的光谱值。

归一化植被指数是目前应用最广的植被指数。常用的 NDVI 数据集有NOAA/AVHRR NDVI 数据集、MODIS NDVI 数据集、SPOT VGT 数据集等。NDVI 取值区间为−1～1。负值表示地面覆盖为云、水、雪等；0 值表示为岩石或裸土等；正值表示地面为植被覆盖，且覆盖度越大，值越大。近年来，利用 NDVI 数据分析季节性植被状况和监测土地覆盖变化具有很广泛的应用和研究。

（2）差值植被指数（DVI）

$$DVI = NIR - R$$

在 NOAA/AVHRR 中，DVI 由 CH2−CH1 计算；Landsat-TM 中，DVI 通过 TM4−TM3进行计算。差值植被指数为线性植被指数，变程广。当 DVI 值小于 0 时，说明地表基本无植被覆盖。

（3）比值植被指数（RVI）

$$RVI = \frac{R}{NIR}$$

在 NOAA/AVHRR 中，RVI 由 CH2/CH1 计算；在 Landsat-TM 中，RVI 通过 TM4/TM3进行计算。在有植被覆盖地区的 RVI 值通常大于 2；而无植被覆盖地区如裸土、水体等的 RVI 值接近 1。RVI 受到植被覆盖度的影响。当植被覆盖度＜50%时，RVI 的分辨能力很弱；当植被覆盖越来越茂密时，由于反射的红光辐射很小，RVI 将无限增长。RVI 还对大气条件敏感，所以在计算 RVI 前需要进行大气校正，或用反射率来计算。

12　土壤

12.1　土样采集与制备

12.1.1　采样点选择

土壤剖面点的选择要结合植物群落调查样方的选择进行。一般是在植物群落调查样方外，选择与植物群落调查样方情况基本一致、小地形较为平整的地点。为避免干扰产生的影响，土壤剖面点应远离道路、无植被破坏、无近期崩塌或严重侵蚀。为方便采挖，最好距树干 1～2 m 以外。

12.1.2　挖掘土壤剖面

通常挖掘三个重复剖面。剖面的规格一般为：长 1.5 m，宽 0.8 m，深 1.2 m。

12.1.3　土样采集

一般土壤按覆盖层（A0）、淋溶层（A）、沉积层（B）、母质层（C）、母岩层（D 或 R）分层采样；湿地土壤按草根层、泥炭层、过渡层、潜育层分层采样；水稻土按照耕作层、犁底层、母质层（或潜育层、潴育层）分层采样。

采样时，按自下而上的顺序，从各层最典型的中部采取。表层土较薄，可从地面向下全层采取。剖面每层样品采样量约 1 kg。采集的样品装入样品袋（布袋、塑料袋）或玻璃瓶。不同剖面、不同采样层的样品要分开包装。

12.1.4　样品制备

风干土样，并拣出其中含有的碎石、砂砾、植物残体等。

将风干的土样压碎，用四分法取样，过 20 目筛，得到粗磨样品。粗磨样品可直接用于 pH 等项目的分析。

将粗磨样用四分法取样，然后细磨，过 60 目筛，得到细磨样品。细磨样品用于进行有机质、全氮等项目分析。

研磨混匀后的样品装入样品袋或样品瓶中保存。保持干燥、通风，避免阳光直射。

12.2　物理化学性质分析

12.2.1　土壤含水量

12.2.1.1　烘干法

烘干法又称为烘干称重法，是测量土壤水分含量最经典也是最准确的方法。烘干法的原理是通过对所采的土样在烘干前后分别称取重量，计算土样中的含水量。

（1）主要仪器设备

盛土铝盒、天平（精度 0.01 g）、烘箱等。

（2）测定步骤

① 校准天平，称取铝盒重量。记录单位为 g，保留一位小数。

② 取约 20 g 土样放入盛土铝盒中，扣上盒盖，擦净盛土铝盒外表的浮土。

③ 称取并记录铝盒和湿土的总重。

④ 打开盒盖，将盒盖套在盒底，放入烘箱内烘烤，至土壤完全烘干，土样重量不再发生变化。烘箱温度设定在 100～105℃。一般沙土和沙壤土烘烤 6～7 h，壤土 7～8 h，黏土 10～12 h。

⑤ 烘烤结束后，关闭烘箱电源，待烘箱稍冷却后取出土样，并迅速盖好盒盖，在干燥器中冷却至室温。称取并记录铝盒和干土的总重。

⑥ 倒掉土样，将铝盒清洗干净。

（3）土壤质量含水量的计算公式为：

$$\theta_g = \Delta G_w / \Delta G_s$$

式中，θ_g 为质量含水量（率）；ΔG_w 为土样中水分的重量，数值上等于湿土重量减去干土重量；ΔG_s 为土样中干土的重量。

12.2.1.2　中子仪法

中子仪法是一种间接的土壤水分观测方法。将中子源放入土壤时，中子源放出的快中子与氢原子核发生碰撞，并损失能量，在源周围的土壤中形成慢中子。因为土壤中的氢原子几乎都存在于水分中，所以在土壤中生物体以及其他有机物、氯化物所占比重较小的条件下，形成的慢中子数量与土壤含水量之间呈近线性关系。因此，通过测定土壤中慢中子数量即可获得土壤含水量。

利用中子仪测定土壤水分含量不必采土，不破坏土壤结构，可以定点连续监测。

（1）主要仪器设备

中子仪、测管等。

（2）测定步骤

① 将试验用测管安装到样地中。用专用土钻垂直打孔，孔径应与测管外径相同或

者略小。将测管插入钻孔，使测管外壁与土壤紧密接触，管口露出地面 10 cm 左右。

② 检查中子仪的电池状况和电路，避免在低电池状态下工作。

③ 读取标准读数。不同厂家生产的中子仪操作可能不同。有的中子仪把纯水环境下的读数作为标准读数，有的中子仪有自检器，并将自检器读数作为标准读数。

④ 标定中子仪，建立土壤体积含水量与中子仪读数与标准读数比值之间的线性关系。常用的标定方法有两种：室内标定法和野外标定法。室内标定方法可参考《水环境要素观测与分析》中的相关内容，野外标定方法可参考《陆地生态系统水环境观测规范》中的相关内容。

⑤ 样地土壤含水量测定。将中子仪探头放置到测管中不同的深度，读取不同深度的土壤体积含水量值。

⑥ 数据输出。观测完成后，通过中子仪专门配备的数据接收程序将中子仪中存储的数据导入计算机中。

（3）数据处理

实际测量中，通常用计数比率（测量读数/标准读数）与土壤含水量建立线性关系，关系曲线表达式为：

$$\theta_{\mathrm{v}} = a + b \times R / R_0$$

式中，θ_{v} 为体积含水量（率）；a、b 为线性回归系数，通过标定得到；R 为中子仪读数；R_0 为标准读数。

12.2.2　pH

测定土壤 pH 可以使用电位法。

（1）方法提要

利用无二氧化碳蒸馏水、氯化钾溶液（酸性土壤）或氯化钙溶液（中性或碱性土壤）作为浸提剂配制土壤悬浊液，然后使用 pH 计测定 pH。

具体操作方法可参考国际标准《土壤质量——pH 的测定》（ISO 10390：2005（E））以及国家林业行业标准 LY/T 1239—1999、国家农业行业标准 NY/T 1121.2—2006。

（2）主要仪器设备

pH 计、玻璃电极和参比电极、搅拌器等。

12.2.3　有机质

土壤有机质含量可使用重铬酸钾油浴法测定。

（1）方法提要

在加热条件下，用过量的重铬酸钾—硫酸溶液氧化土样中的有机质。用硫酸亚铁标准溶液滴定剩余的重铬酸钾。根据所消耗的重铬酸钾量，计算有机碳的含量。

具体操作方法可参考国家农业行业标准 NY/T 1121.6—2006。

（2）主要仪器设备

分析天平（0.000 1 g）、油浴加热装置（包括可调温电炉、油浴锅和铁丝笼等）、酸式滴定管等。

12.2.4　全氮

土壤全氮的测定使用半微量开氏法。

（1）方法提要

土壤中的全氮在硫酸铜、硫酸钾和硒粉的存在下，经浓硫酸消煮后转变为硫酸铵。用氢氧化钠碱化，加热蒸馏出氨，并用硼酸吸收，用标准酸滴定其含量。

具体操作方法可参考国家农业行业标准 NY/T 53—1987 以及国家林业行业标准 LY/T 1228—1999。

（2）主要仪器设备

半微量定氨蒸馏装置、凯氏烧瓶、锥形瓶等。

12.2.5　全磷

土壤全磷的测定可使用硫酸—高氯酸消煮法。

（1）方法提要

在高温条件下，用硫酸和高氯酸分解土样中的含磷矿物以及有机磷化合物，使之转化为可溶性的正磷酸盐，然后用钼锑抗比色法测定。

具体操作方法可参考国家林业行业标准 LY/T 1232—1999。

（2）主要仪器设备

分光光度计、凯氏烧瓶、容量瓶等。

12.2.6　全钾

土壤全钾的测定使用酸溶—火焰光度法。

（1）方法提要

用酸溶液溶解土样中的钾，经适当稀释后用火焰光度法测定溶液中的钾离子浓度。

具体操作方法可参考国家标准 GB 9836—88、国家林业行业标准 NY/T 87—1988。

（2）主要仪器设备

铂坩埚或四氟乙烯坩埚、加热装置、火焰光度计、容量瓶等。

13　水

在水生生态系统生物多样性监测中，为调查了解生物栖息的水环境状况，必要时可进行水样采集，分析化验水体的水质。

13.1　水样采集与保存

13.1.1　采样点设置

（1）湖泊水样采样点设置

采样断面的布设原则：

① 在湖泊的主要入水口和出水口、中心区，以及水流方向及滞留区分别设置采样断面；

② 按照水体的大小与形状特征适当增减采样断面。

采样断面上采样点的布设原则：

① 在一个采样断面上，水面宽大于 100 m 时，设置三条采样垂线，分别在中泓以及左右两岸有明显水流处各设一条垂线；水面宽 50～100 m 时，在左右两岸有明显水流处各设一条垂线；水面宽小于 50 m 时，只在中泓设一条垂线。

② 水深 10 m 以内的湖泊，在水面下 0.5 m 以及距湖底 0.5 m 处各设一个垂向采样点；水深超过 10 m 的湖泊，在水面下 0.5 m、水深 10 m 以及距湖底 0.5 m 处各设一个采样点，若湖泊有温度分层现象，则应在斜温层下设置一个采样点。

（2）河流水样采样点设置

采样断面的布设原则：

① 布设在河道较直、下游没有水流混合的河段，岸边最好有明显的标志；

② 应设置在河流水质变化小、污染源对水体影响不大的较清洁的河段。

采样断面上采样点的布设原则：

① 河宽大于 50 m 时，在采样断面的主流线上以及距左右两岸不少于 0.5 m 且有明显水流处各设一条垂线，共三条采样垂线；河宽小于 50 m 时，在采样断面上距两岸各 1/3 水面宽且有明显水流处设置一条采样垂线，共两条采样垂线；对于流速小于 15 m^3/s 的小河，只在采样断面的主流线上设置一条采样垂线。

② 在一条采样垂线上，水深大于 5 m 时，在水面下 0.5 m 以及距河底 0.5 m 处各设一个采样点；水深 1～5 m 时，在水面下 0.5 m 处设一个采样点；水深不足 1 m 时，取样点距水面不应小于 0.3 m，且距河底也不应小于 0.3 m。

（3）海洋水样采样点设置

采样断面的布设原则：

① 监测断面在近岸较密、远岸较疏；

② 入海河口区的采样断面与径流扩散方向垂直布设；

③ 港湾区的采样断面根据地形、潮汐、航道等情况布设，在潮流复杂区域，采样断面可与岸线垂直设置；

④ 开阔海区的采样位置按方格网布点。

采样断面上采样点的布设原则：

水深小于或等于 10 m 时，只在海面下 0.5 m 处取一个水样，且距离海底不应小于 0.5 m；水深 10～25 m 时，在海面下 0.5 m 以及距离海底不小于 2 m 处分别设置一个采样点；水深 25～50 m 时，在海面下 0.5 m、水深 10 m 以及距离海底不小于 2 m 处分别设置一个采样点；水深 50～100 m 时，在海面下 0.5 m、水深 10 m、水深 50 m 以及距离海底不小于 2 m 处分别设置一个采样点，且底层采样点距离相邻层的采样点不小于 5 m。水深大于 100 m 时，酌情增加采样点数。

13.1.2 水样的采集

采集表层水可采用聚乙烯塑料水桶采样或直接灌入样品瓶中。采集时注意不要混入漂浮于水面上的物质。采集深层水可采用直立式采水器，并系上相应质量的铅鱼，配备绞车。

涉水采样时要避免搅动沉积物而污染水样。操作时，采样者应站在下游，向上游方向采集水样。

利用船只进行采样时，在船体到达采样位置后，根据风向和流向在船体周围划分沾污区和采样区，然后在采样区内采样。采样时关闭船只发动机。

采集测定溶解氧、生化需氧量的水样时，应注满容器，上部不留空间，并采用水封。

采样时或采样后不久，要用滤纸、滤膜或砂芯漏斗、玻璃纤维等过滤样品，或将样品离心分离，除去含有的悬浮物、沉淀物、藻类及其他微生物。

13.1.3 水样的保存

水样采集后要尽快进行分析，需要暂时储存的，应采取一定的预处理措施进行保存，并在规定时间内完成测定。水样允许保存的时间与水样的性质、待分析的项目、储存容器、存放环境等多种因素相关。常用的保存方法主要有冷藏、加入保存剂等，如表 13-1 所示。

表 13-1 水样的保存技术

分析项目	容器材质	保存方法	保存时间
pH	玻璃、聚乙烯	2～5℃冷藏	12 h
溶解氧	溶解氧瓶	加二价硫酸锰、碱性碘化钾/叠氮化钠溶液，避光	24 h
生化需氧量	溶解氧瓶	1～5℃冷藏，避光	12 h
氨氮	玻璃、聚乙烯	加浓硫酸，pH≤2，1～5℃冷藏	24 h
总磷	玻璃、聚乙烯	加硫酸，pH≤2，2～5℃冷藏	24 h
	聚乙烯	−20℃冷冻	30 d
总氮	玻璃、聚乙烯	加硫酸，pH≤2	7 d
	聚乙烯	−20℃冷冻	30 d

注：参考国家环境保护标准 HJ 493—2009。

需要注意的是，进行了现场测定的水样，不能带回实验室再供其他指标测定使用。

13.2　物理化学性质分析

13.2.1　水温

测量水的表层温度使用水温计，测量水深 40 m 以内的水温使用深水温度计，测量水深 40 m 以上的各层水温使用颠倒温度计（闭式）。具体操作方法参考国家标准 GB 13195—91。

13.2.2　透明度

采用萨氏盘法测定透明度。

（1）仪器设备

透明度盘又称为萨奇氏圆盘，以较厚的白铁片剪成直径 20 cm 的圆片，在圆片的一面从中心平分为四个部分，以黑白漆相间涂布，正中心开小孔，穿一铅丝，下面加铅锤（重约 2 kg），上面系小绳，绳上每 10 cm 用有色丝线或漆做一个标记。

（2）基本测定步骤

将盘在船的背光处平放于水中，逐渐下沉，至刚好不能看见盘面的白色时，记录此时的深度，单位为 cm，即为透明度度数。重复观测三次。

13.2.3　pH

测定 pH 采用玻璃电极法，具体操作方法参考国家标准 GB 6920—86。使用的仪器主要包括 pH 计、玻璃电极及其配套的饱和甘汞电极等。

水样的 pH 最好现场测定。如不能现场测定，则应将样品冷藏处理，并在采样后 6 h 之内进行测定。

13.2.4　溶解氧

13.2.4.1　碘量法

（1）方法提要

在水样中加入由硫酸锰和碱性碘化钾溶液生成的二价氢氧化锰沉淀，水中的溶解氧与之反应，生成高价锰化合物。经酸化后，高价锰化合物将碘化物氧化，释放出等当量的游离碘。用硫代硫酸钠标准溶液滴定游离碘，换算出溶解氧的含量。

具体操作与结果计算方法参考国家标准 GB 7489—87。

（2）主要仪器设备

溶解氧瓶、酸式滴定管、锥形瓶等。

13.2.4.2 电化学探头法

（1）方法提要

电化学探头法是利用一种透气薄膜将水样与电化学电池隔开的电极来测定水中溶解氧的方法。具体方法可参考国家环境保护行业标准 HJ 506—2009。

（2）主要仪器设备

溶解氧测量仪、磁力搅拌器、电导率仪、温度计等。

13.2.5 生化需氧量

生化需氧量可用稀释与接种法测定。

（1）方法提要

将水样注满培养瓶，密闭塞好。将培养瓶置于恒温条件下培养 5 d。在培养前后分别测定水样中的溶解氧浓度，通过两次测定的差值计算出每升水消耗掉的氧的质量。具体操作参考国家标准 GB 7488—87。生化需氧量一般应在采样后 6 h 内进行检验。

（2）主要仪器设备

培养瓶、培养箱，以及测定溶解氧的仪器设备等。

13.2.6 氨氮

13.2.6.1 纳氏试剂分光光度法

（1）方法提要

水样中以游离态氨或铵离子等形式存在的氨氮与纳氏试剂反应，生成红棕色络合物。该络合物的吸光度与氨氮的含量成正比，用分光光度法测定。

具体操作参考国家环境保护行业标准 HJ 535—2009。

（2）主要仪器设备

蒸馏装置、分光光度计等。

13.2.6.2 水杨酸分光光度法

（1）方法提要

在碱性介质和亚硝基铁氰化钠存在下，水样中以游离态氨或铵离子等形式存在的氨氮与水杨酸盐和次氯酸离子反应生成蓝色化合物，用分光光度法测定。

具体操作参考国家环境保护行业标准 HJ 536—2009。

（2）主要仪器设备

蒸馏装置、分光光度计等。

13.2.7 总磷

总磷的测定使用钼酸铵分光光度法。

（1）方法提要

在中性条件下，用过硫酸钾（或硝酸—高氯酸）使试样消解，将试样中所含磷全部氧化为正磷酸盐。在酸性介质中，正磷酸盐与钼酸铵反应，在锑盐存在下生成磷钼杂多酸后，立即被抗坏血酸还原，生成蓝色的络合物。络合物的吸光度用分光光度法测定。

具体操作参考国家标准 GB 11893—89。

（2）主要仪器设备

分光光度计等。

13.2.8　总氮

总氮的测度采用碱性过硫酸钾消解紫外分光光度计法。

（1）方法提要

在 120～124℃加热条件下,利用碱性过硫酸钾溶液使水样中含有的氮化合物中的氮转化为硝酸盐形式。氮的含量与吸光度成正比,用紫外分光光度法测定吸光度。

具体操作与数据处理方法参考国家环境保护行业标准 HJ 636—2012。

（2）主要仪器设备

紫外分光光度计、具塞磨口玻璃比色管等。

14　沉积物

水生生态系统的底泥中营养盐的释放对水体的理化性质有较大的影响,且水体的底部还生活着大量的底栖生物,对沉积物理化性质进行监测与分析可以了解水体底部的环境特征。

14.1　沉积物样品采集与制备

14.1.1　采样点设置

沉积物采样断面的设置应与水样采样断面一致。沉积物采样点应与水样采样点在同一垂线上。但若沉积物采样点处遇有障碍物影响采样,则可适当偏移。

14.1.2　样品采集

沉积物一般相对稳定,通常每年采样一次,与水样采集同步进行。

表层沉积物样本一般选择抓斗式采泥器、锥式采泥器等进行采集。采集深度不小于 5 cm。若沉积物坚硬,可在同一采样点周围采样 2～3 次。样品混合前,要清除其中的石块、生物残骸与植物碎片。采集到的样品放入洁净的聚乙烯密实袋内封存。

柱状样品的采集可使用柱状采样器，也可通过水下挖样方法采集。通过柱状采样器采到的样品应在采集后盖上盖子，按原状带回实验室，然后静置 0.5～1 h，待沉积物上部的悬浮沉积物颗粒沉降后，倾去上覆水，取出样品。从采泥器上取下样品时，应自上而下分层处理，小心保持泥样纵向的完整性。柱状样取出后，剔除石块、生物残骸与植物碎片。

在每个样点通常采集 500～1 000 g 的泥样。监测项目较多时应酌情增加采样量。

14.1.3　样品的制备

（1）新鲜样品的制备

新鲜样品即从现场采集后未做任何处理的沉积物样品。需剔除采集的样品中混有的石块、生物残骸与植物碎片，并尽量保持样品原来的状态。

新鲜样品可于−20℃冷冻保存至分析。但不宜放置保存太久，以免样品变质。

（2）风干样品

沉积物化学性质分析一般使用风干样品。风干样品的制备是将现场采回的样品置于阴凉干燥处风干，剔除石块、生物残骸与植物碎片。样品风干后，用玻璃棒碾碎，过 20 目筛。过筛后的样品用四分法进行弃取。留做分析的样品用研钵磨细后再过 100 目筛。过筛后的样品充分混匀，装瓶备用。

（3）烘干样品

烘干样品适用于对稳定组分的测定。烘干样品的制备方法是将现场采回的样品放入烘箱，105～110℃烘至恒重。然后的处理方法与风干样品类似，先剔除石块、生物残骸与植物碎片，然后过 20 目筛，再经四分法进行弃取。留做分析的样品用研钵磨细后再过 100 目筛。过筛后的样品充分混匀，装瓶备用。

14.2　物理化学性质分析

14.2.1　粒度

14.2.1.1　筛析法

（1）方法简介

筛析法是用一套不同孔径的标准筛将各粒组分离，然后测定各组分的质量百分含量。

在海洋沉积物调查中，通常对粒径大于 0.063 mm 的土粒使用筛析法。

（2）基本操作

将样品搅匀后按四分法取样。初步干燥样品，并烘干，称量。套筛按孔径由大到小顺次叠好，并装上筛底，安装到振荡器上。将称好的样品倒入最上层筛子，加上筛盖。开启振荡器，振荡 15 min，然后依次将每层筛子取下，将各粒级的样品分别烘干，称重，求得各粒级的质量百分含量。

对于海洋沉积物，在过筛分析前，需要分离出粒径大于 0.063 mm 的物质。具体操作为：在烘干样品中加入六偏磷酸钠和蒸馏水，浸泡，然后将样品倒入孔径为 0.063 mm 筛，用蒸馏水反复冲洗，将小于 0.063 mm 的物质洗入量筒用于沉降分析，把大于 0.063 mm 的物质烘干称量后过各孔径筛析。

（3）主要仪器设备

套筛、烘箱、分析天平（0.000 1 g）、干燥器、振荡器等。

14.2.1.2　沉降法

（1）方法简介

沉降法是根据土粒在悬液中沉降的速度与粒径的关系来确定各粒组相对含量的方法。

在海洋沉积物调查中，通常对粒径小于 0.063 mm 的土粒采用沉降法。

（2）基本操作

称取适量烘干的样品，加入六偏磷酸钠和蒸馏水，使样品颗粒充分分散于沉降液中成悬浊液。将悬浊液用漏斗移至沉降管中，并将吸量管垂直插入沉降管中。将沉降管做上下振荡，并时而倾倒振荡，持续 2～3 min。振荡结束时，迅速反复倾倒。然后置于平台上，按下秒表，作为沉降开始时刻。令其自由沉降，在适当的时间，从一定高度处抽吸一定量的悬浊液，烘干，并称量其中的颗粒质量。

（3）主要仪器设备

移液管沉降装置、烘箱、分析天平（0.000 1 g）等。

14.2.1.3　激光粒度分析法

使用激光粒度仪测量粒度是近年来粒度测量的主流方法之一。激光粒度仪利用颗粒对光的衍射或散射现象进行颗粒大小的测量。即光在传播中遇到颗粒（障碍物）时，会有一部分偏离原来的传播方向，颗粒越小，偏离（散射角或衍射角）越大，颗粒越大，偏离（散射角或衍射角）越小。

激光粒度仪主要由光学检测系统、分散进样系统和控制分析软件组成，集成了激光技术、现代光电技术、电子技术、精密机械以及计算机技术，具有效率高、重复性好、准确性高、动态范围大、操作方便等优点。在选择仪器时要根据粒度分析的需要，并综合考虑分析精度、自动化程度以及性价比等因素。

仪器的安装与调试应严格按照仪器使用手册的规定。当仪器安装调试完毕后，须参照仪器使用手册进行检测。当仪器各项性能指标通过检测后，方可正式启用。

14.2.2　含水率

含水率表示沉积物中水分的质量与沉积物总质量的比例。可利用重量法测定。

（1）方法提要

取沉积物样品（新鲜样品或风干样品）装入已烘干并称量的聚四氟乙烯盒中，盖上盖子称量总重。半开盒盖，于 105℃±1℃烘至恒重，并称量。通过前后两次质量之差计算样品的含水率。

具体操作方法可参考 GB 17378.5—2007。

（2）主要仪器设备

聚四氟乙烯盒（直径 4 cm、高 2 cm，带盖子）、分析天平（0.001 g）、烘箱（有排气功能）、有机玻璃分样刀、干燥器等。

（3）含水率的计算

$$\omega(H_2O) = \frac{m_2 - m_3}{m_2 - m_1}$$

式中：$\omega(H_2O)$ 为沉积物含水率，%；m_1 为样盒质量，g；m_2 为样盒与沉积物样品的质量，g；m_3 为样盒与烘干样品的质量，g。

14.2.3 pH

沉积物 pH 的测定采用玻璃电极法。

（1）方法提要

取约 20 g 新鲜样品放入烧杯，加适量水搅成糊状。将洗净的电极插入搅匀的样品中读取测量结果。重复测量两次，误差不超过 0.1。取两次读数的平均值。

（2）主要仪器设备

pH 计、玻璃电极及其配套的饱和甘汞电极（或复合电极）等。

14.2.4 有机质

14.2.4.1 热导法

（1）方法提要

风干样品用稀盐酸处理后，在纯氧环境中、静态条件下燃烧（960～970℃），将样品中的有机碳氧化为二氧化碳。以氢气为载气，通过热导检测器测定，并根据测得的信号值计算有机碳含量。

具体操作与结果计算方法可参考 GB 17378.5—2007。

（2）主要仪器设备

元素分析仪、锥形烧瓶（100 mL）、离心机（最高转速 4 000 r/min）、离心管（50 mL）等。

14.2.4.2 重铬酸钾氧化—还原容量法

（1）方法提要

在浓硫酸介质中加入一定量的标准重铬酸钾，在加热条件下将风干样品中的有机碳氧化为二氧化碳。剩余的重铬酸钾用硫酸亚铁标准溶液回滴，通过重铬酸钾的消耗量计算样品中有机碳的含量。

具体操作与结果计算方法可参考 GB 17378.5—2007。

（2）主要仪器设备

硬质玻璃试管（18 mm×160 mm）、油浴锅、铁丝笼等。

14.2.5　总磷

使用分光光度法测定沉积物中的总磷。

（1）方法提要

称取适量的风干样品，在催化剂作用下，用硫酸消煮，将样品中的磷分解成可溶性的 PO_4^{3-} 形式。在酸性溶液中用钒钼酸铵处理后，在波长 420 nm 下比色测定。

具体操作与结果计算方法可参考 GB 17378.5—2007。

（2）主要仪器设备

分光光度计、比色管（25 mL）、凯氏烧瓶（50 mL）、研钵等。

14.2.6　总氮

沉积物中凯氏氮的测定使用凯氏滴定法。

（1）方法提要

取适量风干样品，加入催化剂和硫酸进行消煮，将样品中的有机氮化合物分解并生成硫酸铵。在浓碱作用下蒸馏出氨，用硼酸溶液吸收。用盐酸标准溶液进行滴定蒸馏后的吸收液，测定其中的氮含量。

具体操作与结果计算方法可参考 GB 17378.5—2007。

（2）主要仪器设备

半微量凯氏蒸馏装置、凯氏烧瓶（50 mL）、酸式滴定管、研钵等。

参考文献

[1] 谢贤群，王立军. 水环境要素观测与分析. 北京：中国标准出版社，1998.

[2] 中国生态系统研究网络科学委员会. 陆地生态系统水环境观测规范. 北京：中国环境科学出版社，2007.

[3] 张新时. 中华人民共和国植被图（1：1 000 000）. 北京：地质出版社，2007.

[4] 张新时. 中国植被及其地理格局：中华人民共和国植被图（1：1 000 000）说明书. 北京：地质出版社，2007.

[5] 吴征镒. 中国植被. 北京：科学出版社，1980.

[6]   宋永昌. 植被生态学. 上海：华东师范大学出版社，2001.

[7]   田连恕. 植被制图. 西安：西安地图出版社，1993.

[8]   张翠萍，牛建明，董建军，等. 植被制图的发展与现状. 中山大学学报：自然科学版，2005，44（增刊 2）：245-249.

[9]   吴炳方，黄绚，田志刚. 应用遥感及地理信息系统进行植被制图. 环境遥感，1995，10（1）：30-37.

[10]   Küchler A W，Zonneveld I S. Vegetation mapping. Kluwer Academic Publishers，1988.

[11]   时新玲，王国栋. 土壤含水量测定方法研究进展. 中国农村水利水电，2003，10：84-86.

[12]   NY/T 52—1987   土壤水分测定法.

[13]   毛飞，任三学，刘庚山，等. 中子仪测量农田土壤水分精度的比较研究. 中国生态农业学报，2005，13（4）：103-106.

[14]   李强，文唤成，胡彩荣. 土壤 pH 的测定国际国内方法差异研究. 土壤，2007，39（3）：488-491.

[15]   李婧. 土壤有机质测定方法综述. 分析试验室，2008，27（增刊）：154-156.

[16]   NY/T 53—1987   土壤全氮测定法（半微量凯氏法）.

[17]   LY/T 1228—1999   森林土壤全氮的测定.

[18]   HJ 494—2009   水质采样技术指导.

[19]   HJ 493—2009   水质样品的保存和管理技术规定.

[20]   HJ 495—2009   水质采样方案设计技术指导.

[21]   GB/T 5750.2—2006   生活饮用水标准检验方法   水样的采集与保存.

[22]   兰静，朱志勋，冯艳玲，等. 沉积物监测方法和质量基准研究现状及进展. 人民长江，2012，43（12）：78-80.

[23]   刘登田，张明旭，韩中豪. 沉积物监测技术规范与评价初步探讨. 中国环境监测，2007，23（5）：34-38.

[24]   冉敬，杜谷，潘忠习. 沉积物粒度分析方法的比较. 岩矿测试，2011，30（6）：669-676.

[25]   陈秀法，冯秀丽，刘冬雁，等. 激光粒度分析与传统粒度分析方法相关对比. 青岛海洋大学学报，2002，32（4）：608-614.

第四篇　物种监测技术

15　大型真菌

大型真菌是指能产生大型子实体的真菌，即用肉眼就能看清其子实体结构的真菌种类，其直径或高度一般在 5 mm 以上。常见的大型真菌大部分属于担子菌亚门和子囊菌亚门。许多种类具有较高的营养价值和药用价值，与人类生活有着密切联系。大型真菌能够生长在多种不同的基质上，其营养方式主要包括三种类型：腐生类型，如腐生在落叶、枯枝或腐木、土壤上的种类；寄生类型，如植物寄生菌、昆虫寄生菌等；共生类型，如外生菌根菌、昆虫共生菌、天麻共生菌等。

15.1　样地选择

大型真菌的生长受到温度、降水、土壤 pH、养分状况以及周围植被状况等环境因素的影响。传统的大型真菌野外调查以踏查法为主，即沿着一条调查线路进行采集。这种调查方法在采集的地点、区域、时间等方面的重复性都非常有限，用于长期监测有一定的局限性。为实施定期开展的系统的观察，全面地掌握监测区域大型真菌的种类组成与种群动态，宜建立大型真菌监测调查的固定样地。

选择监测样地时，可根据对监测调查区域大型真菌分布情况的基本了解，按植被、地形等因子划分出若干调查小区，然后在调查小区中进一步选取包含大型真菌适生生境的监测样地。大型真菌监测样地的大小可参考陆生维管束植物监测样地的设置方法。

15.2　全面调查法

15.2.1　适用对象

对于生态习性已知、具有特殊生境需求且分布范围较窄的种类，可以采取直接搜寻的方法，对整个样地中子实体的生长分布情况进行全面调查。

15.2.2 样地布设

根据对监测调查区域大型真菌分布情况的基本了解，按植被、地形等因子划分出若干调查小区，然后在调查小区中进一步选取包含大型真菌适生生境的监测样地。大型真菌监测样地的大小可参考陆生维管束植物监测样地的设置方法。

15.2.3 操作方法

调查时，调查者在样地内往返行走，仔细搜寻样地内生长的大型真菌，避免遗漏。记录观察到的子实体种类、数量，以及子实体的形态、着生基质等，并在地图上标注子实体发现的位置。

表 15-1　大型真菌监测记录表

监测地点＿＿＿＿＿＿＿＿＿＿＿　监测日期＿＿＿＿＿＿＿　记录人＿＿＿＿＿＿

样地编号＿＿＿＿＿＿　经度＿＿＿＿＿　纬度＿＿＿＿＿　海拔＿＿＿＿＿＿

生境/小生境＿＿＿＿＿＿＿＿＿＿＿＿＿＿＿＿＿＿＿＿＿

记录编号	种名	俗名	经纬度/坐标		营养方式	着生基质	形态特征	子实体数量	照片编号
			经度/横坐标	纬度/纵坐标					

注：(1) 营养方式：1 腐生，2 寄生，3 共生。

(2) 着生基质：1 树基，2 树干，3 树枝，4 叶面，5 树桩，6 腐木，7 枯枝落叶，8 岩面，9 土壤，10 其他。

(3) 形态特征：概括地描述子实体各部位的形态、大小、颜色，以及生长特点，如单生、丛生、簇生、覆瓦状着生或成群生长等。

(4) 子实体数量：记录同一个观测点、同种大型真菌子实体的数量。

15.3　样线法

15.3.1 适用对象

样线法适用于调查分布范围广且离散的大型真菌种类。

15.3.2　样线布设与调查

监测样线在样地内的位置固定，布设方法可以参考本书第 7.4.2 节，也可以选取一条自然或人造的贯穿样地的线型景观（如车道、小路、篱笆、溪流等）作为基线，然后垂直于该基线设置若干条调查样线。样线长度一般为 100 m。观测沿线出现的所有种类，记录子实体的种类、数量以及到样线的垂直距离等信息。

表 15-2　大型真菌样线监测记录表

监测地点＿＿＿＿＿＿＿＿＿＿＿　　监测日期＿＿＿＿＿＿＿　　记录人＿＿＿＿＿＿

样地编号＿＿＿＿＿＿＿　　经度＿＿＿＿＿　　纬度＿＿＿＿＿　　海拔＿＿＿＿＿＿

生境/小生境＿＿＿＿＿＿＿＿＿＿＿＿＿＿＿＿＿＿　　样线编号＿＿＿　　样线长＿＿＿＿

记录编号	种名	俗名	营养方式	着生基质	形态特征	子实体数量	到样线垂直距离	照片编号

15.3.3　数据处理

样线法观测数据估测物种密度的计算公式为：

$$M = N / (2 \times L \times \sum D_i / N)$$

式中，M 为物种在监测区域内的密度；N 为物种在整个观察样线中记录的个体数；L 为样线长度；D_i 为物种第 i 个个体距样线中线的垂直距离。

15.4　样方法

15.4.1　适用对象

样方法适用于调查分布相对集中的种类。

15.4.2　样方布设与调查

固定样方应设置在大型真菌的集中分布区域。样方大小根据监测区域植被的均一程度和监测对象的特性确定，一般为 5 m × 5 m～10 m × 10 m。记录样方内出现的所有大型真菌种类以及子实体的数量、状况。样方监测还可结合定点拍摄技术，定期跟踪进行拍摄，获得时间序列上样方生境状况与大型真菌群落情况的永久记录。

表 15-3　大型真菌样方监测记录表

监测地点＿＿＿＿＿＿＿＿＿＿＿　　监测日期＿＿＿＿＿＿＿　　记录人＿＿＿＿＿＿

样地编号＿＿＿＿＿＿＿　　经度＿＿＿＿＿＿　　纬度＿＿＿＿＿＿　　海拔＿＿＿＿＿＿＿

生境/小生境＿＿＿＿＿＿＿＿＿＿＿＿＿＿＿＿　　样方编号＿＿＿＿　　样方大小＿＿＿×＿＿

记录编号	种名	俗名	营养方式	着生基质	形态特征	子实体数量	照片编号

15.4.3　数据处理

（1）样方法观测数据估测物种密度的计算公式为：

$$M_i = N_i / S$$

式中，M_i 为第 i 个样方中的物种密度；N_i 为第 i 个样方中记录的个体数；S 为样方面积。

平均密度为：

$$\bar{M} = \sum M_i / n$$

式中，$\bar{M}$ 为物种在监测区域内的平均密度；n 为样方总数。

（2）样方法观测数据估测物种频度的计算：

$$f = n_i / n$$

式中，f 为物种在监测区域内出现频度；n_i 为物种 i 出现的样方数；n 为样方总数。

15.5　样本采集与处理方法

15.5.1　采样策略

为进行标本鉴定或相关指标的分析化验，需要采集大型真菌样本。但采样不能一味地贪多而进行"掠夺式"采集。一些稀有种类如果被采集一空，则会损害种群更新，甚至造成种群消失。因此，一旦采集到了分析所要求的足够的样本数，即应停止采集，并将不用带走的着生基质放回原处。

为进行种类鉴定，每个物种采集的个体数不少于 2 个；为进行物种居群的遗传多样性检测，理想的情况下应在同一居群内采集 30 个以上个体，但如果条件限制，则至少应采集 20 个个体。

在一些情况下，可以采取将样地分区的策略，然后按照划分的区域进行轮流采样。

对于只进行种类分布和数量调查的监测，如果物种已知，则可以只记录、拍照，不进行采样。

15.5.2　采集方法

采集大型真菌时，应采集成熟的、结构完整的子实体，以便分类鉴定。

采集时，可用小铲小心地将子实体基部的基质铲开，直至看到子实体的完整结构后再将个体采出，并对样本编号。对于暂时不能鉴定识别的寄主植物或共生植物，可同时采集植物标本，并带回实验室进行鉴定。

不同地点采集到的子实体要分开保存，避免不同种的个体相互混淆，或是发生孢子间的相互污染。

15.5.3　样本处理

新鲜样本要及时晒干或烤干，而不能任其自行缓慢风干。最好选用专用的蘑菇干燥器进行干燥。温度 40～50℃烘烤一夜，既可保证脱水干燥，也可避免腐烂和污染。在没有电源的条件下，可使用煤油炉干燥标本，但注意温度不宜过高。在野外，还可将大型真菌的组织块（直径不超过 1 cm）直接放于盛有干燥硅胶的小塑料袋中，由硅胶吸取真菌中的水分。干燥过程中，当多数硅胶变红或变粉时需要注意更换新硅胶。硅胶干燥的材料可用于分子实验，或用于形态分类。晴天也可用日光晒干标本。

标本经彻底干燥后需用隔水性好的纸逐份包裹，然后用塑料袋密封保存，注意防水防压。为避免虫蛀，干燥的标本在带回实验室后应置于低温冰箱冷冻 1～2 周，然后再存放。

16　地衣

地衣是真菌和藻类的共生体，被认为是一类低等植物。地衣种类十分丰富，在地球上分布范围很广。一些种类能适应极端环境，在最寒冷潮湿或最炎热干燥的环境中生存。作为生物群落的先锋物种，地衣在植物群落演替以及土壤形成方面具有重要作用。在形态上可以分为三类：壳状地衣，个体呈粉状、颗粒状、小鳞芽状，牢固地附着在基质上；叶状地衣，个体呈扁平叶片状，以假根较疏松地固着在基质上；枝状地衣，个体呈树枝状、丝状，直立或下垂，仅基部附着在基质上。

16.1　样地选择

地衣的生长受到温度、降水、土壤、地形和海拔等因素的重要影响（Nash，1996；McCune *et al.*，1998）。大多数种类的生态位窄、生境需求特殊。一些种类只生活在极小的空间范围内,有的甚至只生长在一段树枝或一块岩石上。

地衣的监测样地以固定样地为主,要求布设在地衣生长的典型位置。若对监测区域内地衣的生长情况不了解,则需要开展预调查。地衣监测样地的大小一般为 10 m×10 m～20 m×20 m。

16.2　样方法

16.2.1　样方布设

地衣监测常借助样方框进行。样方的位置在样地中按照一定的抽样规则布设。对于树干上附生的地衣,主要监测树干下部距地面 0～2.0 m 的地衣种类。样方大小取决于监测对象的大小。对于小地衣,样方大小为 20 cm×20 cm;对于大地衣,样方大小为 1 m×1 m。

16.2.2　调查与记录

调查与记录样方框内地衣的种类与盖度、形态、着生基质等。一些地衣种类常以菌落(colony)的方式离散地生长与分布。在监测中,可以以地衣菌落为调查单位,观测样方内地衣菌落的数量和菌落大小来了解地衣的数量特征和生长状况。

16.2.3　盖度测量

测量盖度的方法是将大小与样方相同的铁筛盖于样方上,并将铁筛用细线分成若干小网格(如 2.5 cm × 2.5 cm),观察与统计每种地衣在小网格中出现的网格数。盖度计为该种地衣出现的网格数占网格总数的百分比(Hauck *et al.*, 2001)。

表 16-1　地衣样方监测记录表

监测地点＿＿＿＿＿＿＿＿＿　监测日期＿＿＿＿＿＿　记录人＿＿＿＿＿

样地编号＿＿＿＿＿　经度＿＿＿＿　纬度＿＿＿＿　海拔＿＿＿＿＿

生境/小生境＿＿＿＿＿＿＿＿＿＿＿＿　样方编号＿＿＿＿　样方大小＿＿×＿＿

记录编号	种名	着生基质	形态特征	盖度	菌落数量	菌落大小	照片编号

注:(1)着生基质:1 树枝及树皮,2 朽木,3 藓丛,4 藓土,5 土层,6 草地,7 地面,8 石面,9 石浮土,10 其他。
(2)形态特征:描述地衣的生长型以及颜色等特征。

16.3　样本采集与处理

16.3.1　采集方法

采集地衣标本应根据地衣生长的不同着生基质，选择合适的采集方法。

（1）石生壳状地衣：用锤子和钻子敲下石块，并尽量敲下带有较完整地衣形态的石片。沿岩石的纹理选择适当角度，可以较容易地敲下石块。

（2）土生壳状地衣：用刀连同一部分土壤铲起，并放入小纸盒中，避免散碎。

（3）树皮上的壳状地衣：用刀连同树皮一起割下，或可剪折一段树枝，以保持标本的完整性。

（4）在藓类或草丛中生长的叶状地衣：用手或刀连同苔藓或杂草一并采集。

（5）石生或附生树皮上的叶状地衣：不宜直接用手摘，而应用刀剥离，以保持标本的完整性。

（6）枝状地衣：用刀连同一部分基质（如树皮、树枝等）一并采集。

采集地衣标本时要保持标本个体的完整性。有些地衣在晴天干燥时易失水变脆，极易破碎，可随身携带水壶，将地衣体喷湿变软后再采集。

16.3.2　标本处理

对于采集到的标本，应根据标本质地和特点的不同而分别包装。如易碎和土生壳状地衣可装入纸盒；叶状地衣应视体积大小选用适当的纸袋，而不要将地衣体折叠，以免破碎，也可趁其湿润时放入标本夹中压制；对于枝状地衣一般装入纸袋中。

标本采回后要打开纸盒/袋通风晾干，并把压干的标本用衬有硬纸片的牛皮纸袋包装起来，也可将标本用胶水粘贴到硬纸片上，或连同基质（如树皮）黏附到硬卡纸上，再包入牛皮袋中。

17　苔藓

苔藓植物是一类具有胚的小型高等植物，种类多、分布广。苔藓植物多喜阴湿环境，部分种类也可生长在裸露的岩石上，能耐旱、耐光、耐温，少数种类可生长在水中。其生活型主要包括四类：① 固着型。植物体匍匐平铺，紧贴在基质上。着生的基质可以是石质、树干、树叶、土壤等。② 根着型。植物体直立或平铺，以基部或横茎着生在基质上。包括水生根着型、中生根着型、旱生根着型。③ 悬垂型。植物体以气生根着生在基质上，悬垂于树枝或岩石。④ 水生漂浮型。植物体漂浮于水面，随水迁流。

17.1 样地选择

为全面地了解监测区域的苔藓植物种类及其生长特点，通常要在监测区域内不同植被类型、不同小生境中苔藓植物生长典型区域布设样地。苔藓植物监测样地大小根据生境的植被情况设置，森林通常为 $10 \text{ m} \times 10 \text{ m} \sim 50 \text{ m} \times 50 \text{ m}$，草地可设为 $5 \text{ m} \times 5 \text{ m}$。

17.2 直接观察法

苔藓植物个体小，对于大部分种类而言，要区分单个个体十分困难。在自然状态下，苔藓植物常以种群或群落方式聚集分布，呈垫状、块状、丛状生长。苔藓斑块是指与周围环境有明显不同的苔藓植物所组成的空间连续体（刘俊华等，2005）。在监测中，可以以苔藓斑块作为调查统计单元，用苔藓斑块的数量和大小来反映种群生长情况。

在观测搜寻苔藓植物时要仔细，否则容易遗漏目标监测物种。为方便识别，防止重复计数，可以对苔藓斑块进行标记。

表 17-1 苔藓植物监测记录表

监测地点＿＿＿＿＿＿＿＿＿＿　　监测日期＿＿＿＿＿＿　　记录人＿＿＿＿＿＿

样地编号＿＿＿＿＿＿　　经度＿＿＿＿＿　　纬度＿＿＿＿＿　　海拔＿＿＿＿＿＿

生境/小生境＿＿＿＿＿＿＿＿＿＿＿＿＿＿＿＿＿＿＿＿＿＿＿＿＿＿＿＿＿＿

记录编号	苔藓斑块类型	经纬度/坐标		斑块数量	斑块大小	生活型	着生基质	照片编号
		经度/横坐标	纬度/纵坐标					

注：（1）斑块类型：苔藓斑块的类型以优势种命名。若优势种不明显，则以两种或两种以上来命名混交斑块。
（2）生活型：1 固着型，2 根着型，3 悬垂型，4 水生漂浮型。
（3）着生基质：1 树基，2 树干，3 树枝，4 叶面，5 树桩，6 腐木，7 枯枝落叶，8 石面，9 土壤，10 其他。

17.3 样方法

17.3.1 适用对象

对于分布广、数量多的种类，最好采用样方法进行监测调查。

17.3.2 样方布设

地面生长的苔藓植物的调查样方应在样地中按系统取样或随机取样等方法布设。比如沿垂直于等高线的方向以 10 m 为距离设置若干条平行样带，沿样带每隔 2 m 进行调查。样方大小设为 10 cm × 10 cm～50 cm × 50 cm。

对于在树干附生的苔藓植物，应选取样地中胸径大于 15 cm 的树木进行调查。并在树干底部距地面 0～2 m 范围内划分三个高度区间，在每个区间内设置一个样方。样方大小为 10 cm × 10 cm～20 cm × 20 cm。

监测腐木上的着生苔藓，应在腐木上每隔 2 m 设立一个样方，样方大小为 10 cm × 10 cm～20 cm × 20 cm。

调查岩石上的着生苔藓，若岩石个体小，则以整个岩石作为一个样方进行调查，若岩石个体大，则在岩石上设置 10 cm × 10 cm～20 cm × 20 cm 的样方。

树叶附生苔藓植物，根据苔藓植物生长情况对树叶进行取样调查。

17.3.3 调查记录

调查与记录样方内苔藓植物的种类与盖度，统计频度，必要时可测量生物量。

表 17-2 苔藓植物样方监测记录表

监测地点_____ 监测日期_____ 记录人_____

样地编号_____ 经度_____ 纬度_____ 海拔_____

生境/小生境_____ 样方编号_____ 样方大小____×____

记录编号	种名	生活型	盖度	着生基质	照片编号

17.3.4 盖度测定

调查样方内苔藓植物的盖度，可以借助与样方大小相同的铁筛。将铁筛安置到样方上，并用细线将铁筛划分成若干小网格（如 1 cm × 1 cm 或 2.5 cm × 2.5 cm），观察与统计样方内所有苔藓植物以及不同种类的苔藓植物在网格线交叉处出现的次数，然后计算样方内苔藓植物的总盖度和不同种类的盖度。

盖度计算公式：

$$盖度（\%）=\frac{苔藓植物在网格交叉处出现次数}{总的网格交叉数}\times100\%$$

17.3.5 生物量测定

采集样方框内的所有苔藓植物，装入塑料袋，带回实验室。将所有苔藓植物用清水冲洗干净后放入烘箱，70℃连续烘干 48 h，称量干重，计算苔藓植物生物量。

样方内的某一种类苔藓植物的生物量计算方法为：

$$生物量（g/m^2）=\frac{烘干样本的重量（g）}{取样样方面积（m^2）}\times盖度（\%）$$

17.4 样本采集与处理

17.4.1 采集方法

采集苔藓植物应完整地采取整个植物体，尤其是有孢蒴存在的时候。无论是种群或者一个群落的标本，每号标本都要采集一定的植物体数量。苔藓植物的每一号标本应当是一个小集群而不是一株植物。尤其是对于一个群落而言，所采集的标本必须包含有构成该群落的每一种种类，且能反映该群落在野外生长时的自然状态，最好可以切取至少5 cm × 5 cm 或更大一些的苔藓块。

采集时，应连同部分着生的基质一起采取。如薄薄地铲下有苔藓植物着生的土层（或石砾层），或将部分着生苔藓植物的树皮一同砍下，或把一段有苔藓植物着生或附生的枝条取下。对于漂浮水面的种类，可以用小抄网捞取。

17.4.2 标本处理

采集到的苔藓植物标本装到自封口塑料袋后，一般可保存 10～15 d。若在此期间可结束野外采集调查，则不必对所采标本做特别处理，待调查结束时将样品带回实验室即可。

若标本水分较多，如所带基质比较潮湿（如潮湿的土壤砾石）或于水湿环境、雨天采集，则可将标本置于阴凉通风的地方干燥。切不可置于阳光下暴晒干燥，否则苔藓植物标本将枯黄变色且脆碎而不能再做鉴定。

18 陆生维管束植物

维管束植物是指具有维管系统的植物，包括蕨类植物、裸子植物和被子植物。地球上的维管束植物约有 30 万种，大多为陆生，是构成陆地生态系统和生物多样性的重要组成基础。

18.1 样地选择

如果对监测区域的环境状况和植被类型比较了解，通常采用典型取样法在调查区域内选择样地。但如果对监测区域的基本植被情况没有太多的了解，则可以采取系统取样的方法设置样地。监测样地的面积根据调查区域及其植物多样性的复杂程度来确定。通常，森林类型的样地面积通常为 1 hm^2，草地类型的样地面积不宜少于 10 hm^2，荒漠类型的样地面积为 1 hm^2。

在围取样地时，通常是先确定一个原点，然后沿等高线确定样地的一条边，再从第一条边的终点引出第二条边，并使两条边相交的拐角处为直角。同理确定样地的第三条边和第四条边。

18.2 样方法

18.2.1 适用对象

陆生维管束植物监测以样方法为主，通过建设固定样地，定期复查样地中的所有植物。

18.2.2 观测内容与方法

观测内容与观测方法与植物群落调查基本相同（本书第 11.1 节），重点调查乔木层、灌木层和/或草本层的植物种类组成与特征。

为了解森林树种的更新情况，在森林群落监测过程中，可定期对样方中林下更新幼苗（胸径<2 cm）与幼树（胸径<5 cm）的动态情况进行监测。树种更新调查通常与灌木层、草本层调查同时进行，测量个体的胸径、高度，然后按种统计更新幼苗、幼树的密度和频度。

表 18-1 乔木植物每木调查记录表

监测地点_____ 监测日期_____ 记录人_____

样地编号_____ 经度_____ 纬度_____ 海拔_____

生境/小生境_____ 样方编号_____ 样方大小____×____

记录编号	种名	俗名	坐标		胸径	高度	物候期	备注
			横坐标	纵坐标				

表 18-2　灌木植物种类组成调查记录表

监测地点＿＿＿＿＿＿＿＿＿＿　　监测日期＿＿＿＿＿＿　　记录人＿＿＿＿＿＿

样地编号＿＿＿＿＿　　经度＿＿＿＿＿　　纬度＿＿＿＿＿　　海拔＿＿＿＿＿

生境/小生境＿＿＿＿＿＿＿＿＿＿＿＿　　样方编号＿＿＿　　样方大小＿＿＿×＿＿＿

记录编号	种名	俗名	株（丛）数	多度	平均高度	平均基（丛）径	盖度	物候期	备注

表 18-3　草本植物/一年生植物种类组成调查记录表

监测地点＿＿＿＿＿＿＿＿＿＿　　监测日期＿＿＿＿＿＿　　记录人＿＿＿＿＿＿

样地编号＿＿＿＿＿　　经度＿＿＿＿＿　　纬度＿＿＿＿＿　　海拔＿＿＿＿＿

生境/小生境＿＿＿＿＿＿＿＿＿＿＿＿　　样方编号＿＿＿　　样方大小＿＿＿×＿＿＿

记录编号	种名	俗名	株（丛）数	多度	平均高度	盖度	生活型	物候期	备注

18.3　目标物种监测

18.3.1　适用对象

目标物种监测是只监测与调查监测区域内的目标物种，而不去关注监测区域内的其他植物种类。此类监测通常不设置调查样方，但要对监测区域内生长分布的全部目标植物个体进行观察与记录。为避免遗漏可辅以个体标记的方法。

对单个物种或一组物种进行监测是生物多样性监测与评估工作的重要方法与策略。一方面是因为对单个物种或一组物种进行监测比研究生态系统或者群落更实际和容易，另一方面是因为生物多样性保护的相关法律法规主要是针对物种，而不是生物多样性的其他层次，所以物种往往受到更多关注。

具有重要监测意义的物种包括如下类型：

① 生态指示种（ecological indicators）——即能指示相同生境中其他物种变化效应的物种；

② 关键种（keystones）——即对维持群落多样性具有关键作用的物种；

③ 伞护种（umbrellas）——通常是需要大面积生境的物种，为保护这类物种而建立的面积足够大的保护区可同时为许多其他物种提供庇护；

④ 旗舰种（flagships）——通常是珍贵的、受公众喜爱的物种，能吸引公众对保护工作的关注；

⑤ 敏感种（vulnerables）——指稀少的、繁殖力低、生态位窄、易受人类活动干扰而灭绝的物种。

需要指出的是，使用生态指示种评估其他物种的种群变化或评估生境质量还存在很多困难，在理论上和方法学上都存在质疑，但将其作为生境风险分析与物种风险分析的一部分仍是一种有益的方法（Landres *et al.*，1988）。在生物多样性监测中，适当地注意选择关键种、伞护种、旗舰种和敏感种，可无需另外去选择和监测生态指示物种。

18.3.2　观测内容

目标物种监测的内容除了基本的分布特征、数量特征外，还包括年龄结构、繁殖能力、物候等。对于一些受到威胁、重点关注的物种，需要利用多个种群水平的指标加强监测，若条件允许，还可以选择遗传水平的指标，配合监测物种的遗传特征。主要监测要素见表 18-4。

表 18-4　物种监测要素与相关内容

监测要素	监测内容
分布特征	分布范围
数量特征	① 多度 ② 密度
年龄结构	不同年龄组的个体数
繁殖能力	① 有生活能力的种子或能传播的营养繁殖体在单位面积土壤上的数量 ② 种子产量 ③ 雌雄异株植物雌株与雄株个体数目的比例
物候	木本植物：芽膨大开始期；芽开放期；展叶期；花蕾或花序出现期；开花期；果熟期；秋季叶变色期；落叶期 草本植物：萌动期；展叶期；开花期；果实或种子成熟期；黄枯期
遗传特征	① 品种/遗传居群的数量与类型 ② 遗传多样性指数等测度指数

18.3.3　种群年龄结构调查

（1）个体年龄的确定

对于大型木本植物个体，可用生长锥取得年轮数进而确定样本的树龄。

生长锥是测定树木年龄和直径生长量的专用工具，由锥筒、探针和锥柄组成。利用生长锥钻取树木样芯时，先将锥筒装置于锥柄上的方孔内，操作者右手握柄的中间，用左手扶住锥筒以防摇晃；垂直于树干将锥筒先端压入树皮，然后用力按顺时针方向旋转，待钻过髓心为止；将探取杆插入筒中稍许逆转再取出木条。样芯上的年龄数，即为钻点以上树木的年龄。根据样芯测定结果，建立年龄与胸径的回归方程，可以用于估计样地内树木的年龄。

对于一些多年生种类，还可根据规律地发生的形态结构来判断植株的生长年数，如叶迹、芽迹，红松、马尾松等的一年一轮的轮生枝等。

（2）种群年龄结构

统计种群中不同年龄组的个体比例。

在个体年龄难以确定并存在显著的个体年龄和个体大小（如个体的高度、胸径等）的线性相关关系时，可用个体的大小结构估计年龄结构。但这种估计方法多用于乔木植物种群。

植株的个体高度一般用实测或利用一定长度的标杆进行估测的方法进行。测量植株高度时，应以自然状态的高度为准，不需要伸直。

植株的胸径使用胸径尺进行测量，测量乔木主干离地表面 1.3 m 处的直径。如果断面畸形，则测取最大值和最小值的平均值。

18.3.4　种子库调查

在群落地表和土壤中的某植物种的种子构成种子库。通常以单位面积或体积中的种子数量来度量。

取样的方法为：随机设置 20 cm × 20 cm 的木框定边界的小样方若干，用刀沿框四边切入土壤，每 4 cm 为一层，分 5 层取样。

结合发芽试验法、过筛法、漂浮法等，从土壤中分离种子。

根据种子的性态以及发芽试验得到的幼苗形态鉴定种类。

测定种子的活力：用四唑染色法或发芽试验法对种子活力进行检验。

18.3.5　物候观测

物候观测可以很细致，即对植物的整个物候周期进行全面的观测，也可以根据需要挑选部分物候期进行重点观测。对于植物种类组成简单的群落，原则上应监测样方内的所有种类；对于植物种类组成丰富、结构复杂的群落，可侧重观测样方内的优势种和建群种。

木本植物应进行定株观测，通常选择 3～5 株发育正常且开花结实 3 年以上的中龄个体作为指定观测对象。草本植物宜在较空旷的地方选择若干株作为观测目标。

在观测期间，应每天观测或根据选定的观测项目酌量减少观测次数。在一天内的观测时间根据所观测的植物物候现象的特点设定。大部分植物物候现象的最佳观测时间是在下午。但对于早晨开花植物，必须在上午观测。

18.4　标本采集与制作

18.4.1　标本采集

采集植物标本应选择生长正常、无病虫害、完整的植株或部位作为采集对象。除采集植物的营养器官外，还应有花或果，以便于植物鉴定。

采集木本植物标本应用枝剪或高枝剪剪取一段有花、枝、果的带叶枝。对于一些一年生枝新叶的形状和老叶形状不同的种类，应同时采集新枝和老枝。

采集草本植物标本要注意采集它的地下部分，通常是连根挖出，使根、茎、叶、花、果实齐全。如果植株过大，可以折叠保存或取其典型的部位。

采集蕨类植物标本要采集带有孢子囊的叶片，且最好选择孢子囊尚未成熟的植株。大多数蕨类植物没有地上茎，只有着生于地下的根状茎。在采集时，要注意连同根状茎一同挖出。有些蕨类植物具有两型叶，即能育叶和营养叶，应采集具有两种叶的植株。

对于寄生植物，在采集时应连同寄主一起采下。

采集到的标本要进行初步修整，去除枯枝以及过多的叶，抖落根上附着的泥土。编号并挂上标签，装入塑料袋中，待到一定量时，集中压制到标本夹。采集过程中的散落物，如果实、种子、苞片等，应装到准备好的小纸袋中，并与其枝叶标本同号记载。

18.4.2　标本压制

标本压制前，要对标本进一步清理，去除杂质，整理植株或枝条，使枝、叶、花、果等完整显示。为避免标本失水起皱、变色，标本最好在野外及时压制。

压制时，把吸水纸铺到标本夹上，将一份带有号牌的植物标本平放于吸水纸上，用镊子对标本进行整形，使枝叶平整、不要重叠，并使部分叶片背面向上。然后在标本上覆盖一层吸水纸，再放置另一份标本。当标本压制到一定高度时，用标本夹绳将标本夹勒紧。压制的标本应放置在通风、透光、温暖处，不可直接在阳光下暴晒。

经过初次压制的标本，要及时更换吸水纸，使标本尽快干燥。采集当天应换干纸2次，之后视情况可以适当减少换纸次数。

肉质多汁的植物在压制前需将其营养器官杀死。基本方法是将采集的标本放入已加入适量碱或盐的沸水中烫一会儿，或将标本浸入5%的酒精溶液浸泡30～40 min。

对于具有鳞茎、块茎、块根等的植物或具有根状茎的植物，在标本整形时，将变态的根或茎切去1/2或2/3的厚度，再将标本放入标本夹内进行压制。

含水分多的植物最好分开压制，并增加换纸的频率。

标本压干后，要进行化学消毒，杀死虫卵，防止虫蛀，再进行装帧和保存。

19　大型水生植物

大型水生植物是生态学范畴上的类群，包括种子植物、蕨类植物、苔藓植物中的水生类群以及藻类植物中以假根着生的大型藻类，是不同分类群植物长期适应水环境而形成的趋同适应的表现型。一般将其按生活型分为挺水植物、浮叶植物（漂浮植物与根生浮叶植物）和沉水植物。在稳定的水体中，水生植物的分布具有规律性，自沿岸带向深水区作同心圆式分布，各生活型带间通常是连续的。

19.1　监测点布设

根据水体特点以及水生植物的分布情况选择数条具有代表性的采样断面。在采样断面上布设采样点。采样点一般均匀地分布在采样断面上。

挺水植物和浮叶植物的监测样方面积一般为 2 m × 2 m。如果植株稀疏，可采用 5 m × 5 m 或 10 m × 10 m 的样方；植株密度大，则可采用 0.5 m × 0.5 m 或 1 m × 1 m 的样方。

沉水植物的监测样方面积通常设为 0.2 m × 0.2 m 或 0.5 m × 0.5 m。

19.2　定量采样法

19.2.1　样品采集

采集挺水植物采用收割法。借助样方框，或利用竹竿和绳索围出样方边界，然后将样方中的全部植物从基部割取。

采集漂浮植物一般使用已知面积的捞网进行捞取。

采集根生浮叶植物和沉水植物一般采用面积 0.25 m^2、网孔 3.3 cm × 3.3 cm 的水草定量夹进行采集。若植物密度过大，定量夹已盛不下水草时，可利用样方框结合手捞的方法将样方内的全部植物连根捞起。

采集时应注意水的深度。水浅时，可置身水中直接采集；水深时，要利用采草器进行采集。对于沉水植物，在必要时可采用潜水挖取法。下水或潜水进行采集，需要穿上防水服或潜水衣，配备好安全保护措施。

19.2.2　生物量测定

采集到的植物样本要及时冲洗干净，去掉泥土、黏附的水生动物等，并进行分类，用标本纸吸除植株表面的水分后称量植物样本的鲜重，并计算单位面积生物量（g/m^2）和总生物量。

19.2.3　多度测定

根据 Braun-Blanquet 多度等级方法目测多度。

19.3　定性采样法

19.3.1　适用范围

用于调查物种种类组成。

19.3.2　样品采集

定性样品可以直接用手或借助采样网和采集靶进行采集。尽可能采集完整的植物体，包括根、茎、叶、花、果，以便于进行物种鉴定。

19.4　标本制作

采集到的水生植物样品应去掉泥土以及黏附的水生动物，按类别晾干、存放。如需制作标本，应及时整理。

水生植物的茎皆细长而软弱（挺水植物除外），一经捞出水面，枝叶就粘贴重叠失去原状。为制作标本而采集的样本，在采集时要成束捞起，带回驻地后再仔细整理。整理时，首先打一盘清水，将标本倒入水中，待标本恢复原有姿态后筛选所需植株。用厚标本纸仔细将漂浮的植株从水中托出，然后将其放入数张吸水纸之间，压在标本夹内。对于脆弱的标本，不要压得过紧，以防破碎。

挺水植物的花、叶通常都很大，压制标本较为困难，可以分别处理。将根茎做成浸制标本，花和叶做成蜡叶标本。

沉水植物可选择株型较小的植物或采集部分带花果茎叶制成标本。

20　浮游生物

浮游生物是指在水流作用下被动地漂浮在水层汇总的生物类群，包括浮游植物与浮游动物，它们的共同特点是个体微小，运动能力弱或完全没有运动能力，只能随水流移动。浮游生物在水生生态系统中，尤其是在海洋生态系统中，具有重要地位，是能量流动和物质循环的基础。

20.1　监测点布设

水体中浮游生物的分布并不均匀，需要基于对浮游生物分布的了解，根据水体形态、深度、水源进出口、光照、水温等环境条件，确定采样垂线的位置。通常采样垂线应布设在水域中有代表性的区域。一般情况下，水体不同区域的浮游生物的种类和数量都有不同，如湖心与湖湾、有水草区与无水草区等。在大的湖湾、库湾、河流的上、中、下游水体的沿岸带、浅水区、潮汐河流潮间带等代表性水域要设点采集。采样垂线的数量根据水体的具体情况而定。水体面积大、水文条件复杂的，采样垂线应多一些。如人力、时间和经费条件允许时，采样垂线也可适当多设一些。

（1）淡水水域浮游生物采样垂直分层方法

当水深小于 3 m、水体混合均匀、透光可达到水底层时，在水面下 0.5 m 布设一个采样点；

当水深在 3~10 m，水体混合较为均匀、透光不能达到水底层时，分别在水面下和底层上 0.5 m 处各布设一个采样点；

当水深大于 10 m，在透光层或温跃层以上的水层，分别在水面下 0.5 m 和最大透光深度处布设一个采样点，同时在水底层上 0.5 m 处布设一个采样点；

为了解和掌握水体中浮游生物、微生物垂向分布，可每隔 1.0 m 水深布设一个采样点。

（2）海洋浮游生物采样垂直分层方法

海洋浮游生物调查的采样水层划分方法如表 20-1 所示。

表 20-1 浮游生物垂直分段采样水层

测站水深范围/m	采样水层/m	
	微微型、微型和小型浮游生物	大、中型浮游生物
< 20	10~0，底~10	10~0，底~10
20~30	10~0，20~10，底~20	10~0，20~10，底~20
30~50	10~0，20~10，30~20，底~30	10~0，20~10，30~20，底~30
50~100	10~0，20~10，30~20，50~30，底~50	10~0，20~10，50~20，底~50
100~200	10~0，20~10，30~20，50~30，100~50，底~100	20~0，50~20，100~50，底~100
200~300		20~0，50~20，100~50，200~100，底~200
300~500	10~0，20~10，30~20，50~30，100~50，200~100	20~0，50~20，100~50，200~100，300~200，底~300
500~1 000		50~0，100~50，200~100，300~200，500~300，底~500

注：1 000 m 以深采样水层视调查对象而定。

微微型浮游生物个体小于 2.0 μm，包括异养型细菌和自养型生物。

微型浮游生物个体小于 20 μm，如微型金藻、微型甲藻、微型硅藻、无壳纤毛虫、领鞭虫等。

小型浮游生物个体小于 200 μm，如小型硅藻、小型甲藻、无壳纤毛虫、砂壳纤毛虫、轮虫、桡足类幼体、放射虫和有孔虫等。

中型浮游生物个体大小在 0.2~2 mm 之间，如小型水母、桡足类等。

大型浮游生物个体大小在 2~20 mm 之间，如大型桡足类、磷虾类等。

注：参考国家标准 GB 12763.6—2007。

20.2　定量采样法

20.2.1　样本采集

　　定量采样通常使用规定的采水器分层采集水样。常用采水器有颠倒采水器、卡盖式采水器等。采样时，将采水装置放入水中预定深度，保持足够的停滞时间后垂直提起采水装置。采集浮游植物以及原生动物、轮虫与无节幼体，采水量通常为 1～2 L；采集枝角类和桡足类等浮游动物，采水量为 10～50 L。若浮游生物量很低时，应酌情增加采水量。当浮游生物丰富或在发生富营养化或赤潮的水域采样，视具体情况减少采水量，一般每次采水量为 100 mL。

　　调查湖泊、水库等大型水域以及海洋的浮游生物还可以采用拖网采样法。采样时使用规定的网具，自水底向水面作垂直拖网采样。下网速度不超过 1 m/s，网具到达水底后可立即起网，起网时以约 0.5 m/s 的速度匀速拖取。采集浮游植物使用浅水Ⅲ型浮游生物网；采集大、中型浮游动物及鱼卵、仔稚鱼等使用浅水Ⅰ型浮游生物网；采集中、小型浮游动物使用浅水Ⅱ型浮游生物网。

表 20-2　浮游生物拖网使用网具规格

网具名	网长/cm	网口内径/cm	网口面积/m²	网衣：孔径/mm
浅水Ⅰ型浮游生物网	145	50	0.2	0.505
浅水Ⅱ型浮游生物网	140	31.6	0.08	0.160
浅水Ⅲ型浮游生物网	140	37	0.1	0.077

20.2.2　样品处理

　　浮游生物样品采集后，除进行活体观测外，样品需要及时固定。

　　固定浮游植物以及如原生动物、轮虫等浮游动物，一般按水样体积加 1%的鲁戈氏溶液或按水样体积的 5%加入缓冲甲醛溶液。水样过滤后放入采样瓶中。为了长期保存，可加入少许福尔马林（每 100 mL 水加 4 mL 福尔马林）。

　　鲁戈氏液是将碘片溶于 5%的碘化钾溶液而得到的饱和溶液。缓冲甲醛溶液的配制是将商用甲醛（体积分数约 40%）加入等量蒸馏水，再向 1 000 mL 约 20%的甲醛溶液中加 100 g 六次甲基四胺。

　　固定如枝角类、桡足类浮游动物，一般按 100 mL 水样加 4～5 mL 福尔马林。若要长期保存，在 40 h 后，换用 70%乙醇保存。

20.2.3 分类计数

浮游生物的分类计数一般按采样层次逐层分析。

（1）浮游植物计数

① 沉降计数法

每份水样取 3 个分样，取样体积视样品浊度和浮游生物密度而定。分样分别装满 3 个等体积的沉降器（10～20 mL），加盖玻片静置 24 h，用倒置显微镜进行鉴定与计数。

沉降计数法的统计公式：

$$N = \frac{n}{V} \times 1\,000$$

式中，N 为每升水样的藻类细胞数，ind/L；n 为三个分样的总细胞数或其平均值，ind；V 为三个分样的总体积或平均值，mL。

② 浓缩计数法

视样品中浮游生物数量，进一步浓缩或稀释到适当体积，用量筒量取后记录浓缩后样品的体积。将适当体积样品倒入磨口玻璃瓶，用取样管搅拌均匀，迅速将取样管直立于样品中，准确地一次吸取所需体积并移入浮游生物计数框，加盖玻片封盖后，在显微镜下进行鉴定与计数。浮游植物的计数视其数量多少确定计数全部、1/2 或 1/4。

计数时，优势种、常见种、赤潮生物种应尽量鉴定到种；胶质团大群体和浮游蓝藻类等不易计数的种类，可用数量等级符号（+++，++，+）表示。

浓缩计数法的统计公式：

$$N = \frac{nV'}{VV''}$$

式中，N 为每升水样的藻类细胞数，ind/L；n 为取样计数所得的细胞数，ind；V' 为水样浓缩的体积，mL；V 为采水量，L；V'' 为取样计数的体积，mL。

（2）浮游动物计数

将样品静置沉淀，进行必要浓缩；用量筒量取后记录浓缩后样品的体积；将适当体积样品倒入磨口玻璃瓶，将样品搅动均匀，立即用管径较粗的吸管吸取适量体积并移入计数框，在显微镜下全片观察。

20.2.4 生物量测定

（1）湿重生物量测定

去除样品中的杂物。取网孔略小于采样网孔的筛绢，剪成与漏斗内径相同的圆块，用水浸湿而沥干称重，标定质量。

将标定质量的筛绢平铺于漏斗中，倒入样品抽滤。然后移出载有样品的筛绢，在吸水纸上吸去筛绢底表多余水分，用电子天平（0.001 g）称重。称重完毕，将样品倒回原样品瓶中。

浮游生物湿重生物量的计算公式：

$$B = \frac{S}{V}$$

式中，B 为湿重生物量，mg/m^3；S 为样品湿重，mg；V 为滤水量，m^3。

滤水量的计算公式：

① 使用流量计的情况：

$$V = nV_0 \quad 或 \quad V = n\frac{SD}{n_0}$$

式中，V 为滤水量，m^3；n 为实际采样时流量计的转数，转；V_0 为流量计的标定值，$m^3/$转；S 为浮游生物网网口面积，m^2；D 为流量计标定时的平均拖曳距离，m；n_0 为流量计标定时的平均转数，转。

② 无流量计的情况，根据绳长计算：

$$V = SL$$

式中，V 为滤水量，m^3；S 为浮游生物网网口面积，m^2；L 为采样时放出的绳长，m。

（2）干重生物量测定

取网孔略小于采样网孔的筛绢，剪成与漏斗内径相同的圆块，60℃烘干 24 h，称重，标定质量。用标定质量的筛绢过滤样品，60℃烘干 24 h，称重。称得的总质量减去筛绢的质量，为浮游动物干重。

（3）体积生物量测定

这里介绍排水求积法。其处理方法为：除去样品中的杂物；标定体积测量器的体积为 50 cm³；将样品倾入体积测量器内，抽滤，待样品中的水分滤出后，拧上底盖；用装满 50 mL 水的滴定管从测量器的加水孔注入水至液面与指针尖端相接触为止。此时留在滴定管中的水量即指示浮游生物的体积。

浮游生物体积生物量的计算公式：

$$B = \frac{S}{V}$$

式中，B 为体积生物量，mL/m^3；S 为样品体积，mL；V 为滤水量，m^3。

20.3　定性采样法

（1）适用范围

定性调查主要用于调查了解水体中浮游生物的种类组成、出现季节以及物种分布状况。

（2）样本采集

定性样品采集可站在岸边、船舱或甲板上，将采集网放入水中作"∞"形反复拖动，拖动速度每秒 20～30 cm，持续 3～5 min。采集浮游植物、原生动物和轮虫等，使用 25 号浮游生物网（网孔 0.064 mm）或 PFU（聚氨酯泡沫塑料块）法；采集枝角类和桡足类等浮游动物使用 13 号浮游生物网（网孔 0.112 mm）。

定性样品采集还可以选用采水器的方式。在静水和缓慢流动水体中采用玻璃采样器或改良式北原采样器采集；在流速较大的河流中，采用横式采样器，并与铅鱼配合使用，采水量为 1～2 L。若浮游生物量很低时，应酌情增加采水量。

21 土壤动物

土壤动物是指终生或在其生命过程中有一段时间定期在土壤环境中生活，且对土壤有一定影响的动物，主要涉及原生动物、扁形动物、轮形动物、线形动物、软体动物、环节动物、缓步动物和节肢动物等类群的物种。土壤动物种类多、数量大、分布广，能直接参与土壤有机物的分解和营养元素的矿化等生物物理化学过程，对植物生长、土壤发育等具有重要影响。

为了方便调查与研究，通常将土壤动物按身体的大小划分为小型土壤动物、中型土壤动物、大型土壤动物等。大型土壤动物，体长 2 mm～2 cm，如蚯蚓、蜈蚣、马陆等；中型土壤动物，体长 1～2 mm，如弹尾、螨、线蚓、跳虫、蚂蚁等；小型土壤动物，体长 0.2～1 mm，如原生动物、线虫、轮虫等。

21.1 监测点布设

土壤动物群落的组成与分布受到植被、土壤、微地貌、海拔以及人类活动的影响。在监测中，可按照植被类型、海拔梯度等划分调查小区，在每个调查小区中选择 3～5 个具有代表性的采样点。对土壤及覆盖物变化不大而面积较大的地区，宜采用十字交叉样线，每隔 100 m、150 m、300 m、500 m 设置一个采样点。对面积不太大而生境较单一的地区，宜采用随机取样法。

采样点要布设在地势平坦、石块较少、土壤较湿润，且基本无人类活动干扰的地方，避免位于生境边缘，并避开岩石、倒木、树根、蚁巢和白蚁冢。

21.2 采样调查法

调查土壤动物通常是采集土样，然后将土样带回实验室，分离提取出土样中包含的土壤动物，并分类、鉴定与计数。

21.2.1 样本采集

调查大型土壤动物，样方面积为 50 cm × 50 cm～1 m × 1 m，采样深度视土壤类型及其属性而定，并分层采样。一般可按 0～10cm、10～20cm 和 20～30cm 三个层次进行采样。采样时，用刀切割出样方边界，然后用小铁锹将样方内的枯枝落叶与土壤挖出，装入塑料袋中。在同一样地内最少要取 2～3 个样。

调查中小型土壤动物，使用 100 cm³ 的取土环刀（采用湿漏斗法分析时，使用 25 cm³ 的取土环刀），采样深度视土壤类型及其属性而定，一般按每 5 cm 划分一层进行分层采样，每个土壤层取 4 个样。

21.2.2　土壤动物的分离和提取

土壤动物的分离方法主要有：手拣法、烟熏法、干漏斗法、湿漏斗法、浮选法等。

（1）手拣法

个体较大的土壤动物可直接手拣分离，如蚯蚓、蜈蚣等。

（2）烟熏法

烟熏法是在烘虫箱下面点燃报纸，通过烟熏，在土壤表层用镊子捡起较大的土壤动物。

（3）干漏斗法

干漏斗法又称 Tugllen 法，可用于分离跳虫、蜱螨等个体较小的陆生土壤动物。但干漏斗法不能抽取土壤水生动物以及一部分土壤湿生动物，如原生动物、涡虫、线虫和姬蚯蚓等，也不能抽取较干燥、不大行动的缓步虫类和陆生贝类。

干漏斗法的原理是利用外加热源使土壤水分逐渐蒸发，趋于干燥，促使动物自行向下运动出来。干漏斗装置如图 21-1 所示，主要由热源（如 40 W 白炽灯）、伞状罩、盛土容器、2 mm 的金属筛网、玻璃或铁皮漏斗、接收器皿（标本瓶）等几个部分组成。使用干漏斗法，要注意控制热源的强度和照射时间，并防止土壤掉入标本瓶。

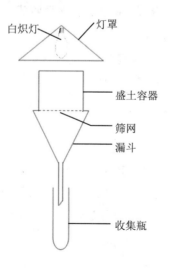

图 21-1　干漏斗装置示意图

（4）湿漏斗法

湿漏斗法又称为 Baermann 法，其原理与干漏斗法相同，主要用于分离个体较小的土壤水生动物（hydrobionts）或土壤湿生动物（hygrophiles），如涡虫、线虫和姬蚯蚓等。

湿漏斗装置与干漏斗大体相同，但使用的玻璃漏斗下端安装 12～13 cm 长的橡胶管，管上安装有 2 个止水夹（图 21-2）。使用时，用纱布或尼龙网包好土样，放入漏斗中，或放在筛网上。关闭上端的止水夹，在漏斗中装满水，打开热源。抽取结束时，关闭下端止水夹，并打开上端的止水夹。动物沉淀下来后，关闭上端止水夹，最后打开下端止水夹，将动物收集到标本瓶中。

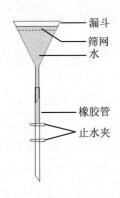

图 21-2　湿漏斗装置示意图

（5）浮选法

浮选法可用于分离如跳虫、寄殖螨、微小甲虫等土壤动物。操作方法为：将土样放入容器，加水搅拌，使土壤动物漂浮到水面，然后收集。

21.2.3　样本保存

采集到的土壤动物标本可用 75%酒精进行暂时保存。

21.2.4　种类鉴定与计数

对于很难鉴定的物种，可以只鉴定到类别。

在进行计数时，由于土壤动物的成虫与幼虫生活习性差异很大，一般将成虫和幼虫（包括蛹）分开统计。大型土壤动物的计数采用目检统计法，与手拣法分离同时进行；中小型土壤动物的计数采用镜检法，利用放大镜或者通过装片用显微镜观察。

21.2.5　多度测定

土壤动物多度的划分方法为：个体数量占群落总个体数 10.00%以上为优势类群（+++），占 1.00%～10.00%为常见类群（++），不足 1.00%为稀有类群（+）。

21.2.6　生物量的测定

（1）称量湿重

将每个土样中的动物倒在已知重量的滤纸上，等酒精挥发完全后再进行称重。

（2）称量干重

将中型土壤动物用真空干燥箱 60℃烘干 6～10 h 至恒重，再用天平进行称重。

22　昆虫

22.1　样地设置

昆虫分布广泛，宜根据监测区域的环境、植被、海拔、坡向等因子选择合适的样地布设地点。如果是监测特定种类，宜将样地布设在昆虫喜好的环境中。样地面积约 4 hm²。若是在同一类型生境中选择多个重复样地，样地间的间距宜保持在 500 m 以上。

样地内布设 3～5 个重复样点或样带。样点或样带应距离生境边缘 15～25 m，以避免边缘效应。样带通常长 100～500 m。为保证取样的独立性，样点或样带间应留出足够的距离。一般地，样点间的间距保持 15～25 m，样带间的间距保持 50 m。但如果是调查飞行能力较强或嗅觉发达的种类，间隔距离应适当增加。

22.2　巴氏陷阱法

22.2.1　适用对象

适用于调查在地表活动的昆虫，如鞘翅目、蜘蛛、多足类等。

22.2.2　陷阱布设方法

陷阱的基本装置由 2 个容器组成，分为外杯和内杯。外杯可选用 PVC 管，内杯可选用塑料杯，直径在 6～10 cm 之间。陷阱安装时，将容器放置到土壤中，使容器上沿与地面平齐。为防止雨水冲刷陷阱，造成陷阱破坏或标本流失，可在陷阱上方（约 3 cm）安置挡雨盖（白铁皮盖或塑料盖）（图 22-1）。在内杯中倒入体积量为内杯 1/4～1/3 的保存液（常用保存液有乙烯乙二醇、丙二醇和福尔马林等），以避免昆虫相互残杀和腐烂。

陷阱的排布方式：可以根据不同的生境选择不同数量的陷阱和排布方式。每个布设点可以安装 1 个陷阱或 1 组陷阱，如两个陷阱一组，或五个陷阱一组并排列成十字形，陷阱间通常相距 1～2 m。各布设点之间也应相距一定的距离。如果使用了引诱物（如腐肉等），布设点间的距离应适当增加。

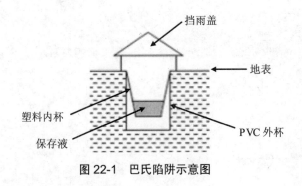

图 22-1　巴氏陷阱示意图

22.2.3　标本收集与处理

考虑到保存液的防腐能力，陷阱安装后宜在 2 周内回访并及时收取标本。若使用的是混合溶剂（如糖、醋、酒精及水等）、酒精、水等作为保存液，则取样时间应大幅缩短，通常为 3～4 d。

收集时用小尼龙网过滤，将从陷阱中采集到的标本装入小瓶中，用 70%～80%的酒精暂时保存，然后带回实验室处理。

22.2.4　种类鉴定与计数

采集到的昆虫标本应尽量鉴定到种，尤其是常见种类与优势种类，难以鉴定的种类可以只鉴定到形态种（morphospecies）。在标本分拣过程中，按种类统计个体数量。

22.3　窗诱法

22.3.1　适用对象

适用于调查有一定飞行能力但又不是很强、在空中不能急停、急转或倒飞的昆虫。在树冠昆虫和倒木昆虫的采集中有较多应用。

22.3.2　采集装置布设方法

准备一个较大的收集盆，盆内盛装 2～3 cm 深的防腐液（如 1∶1 的乙烯乙二醇溶液），并加入少许肥皂水以减小溶液的表面张力，使昆虫掉到收集盆内后能沉入液体。用透明的有机玻璃板制成十字交叉的挡板，垂直固定到收集盆中，如图 22-2 所示。这样的挡板可以最大限度地收集从各个方向飞来的昆虫，增加了有效的收集面积。采集装置可以放置于地面或用木质平台支架稳定地安置于离地面一定高度。

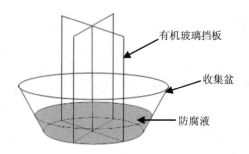

图 22-2　窗诱法采集装置示意图

22.3.3　标本收集与处理

昆虫采集装置安置后要定期检查，可每周收集一次标本，并及时补充收集盆中的防腐液。将采集到的标本装入小瓶中，保存在 70%～80% 的酒精内。

22.4　灯诱法

22.4.1　适用对象

适用于调查夜间趋光性昆虫，尤其是鳞翅目、鞘翅目。

22.4.2　灯诱装置布设方法

用支杆撑挂用于收集昆虫的白色幕布（3.0 m× 2.0 m），并在幕布前方 0.1 m 处安置高压汞灯（250～450W），使高压汞灯低于幕布上缘约 0.1 m（图 22-3），连接电源。在野外也可就地取材，选择间隔距离合适的植物悬挂幕布。

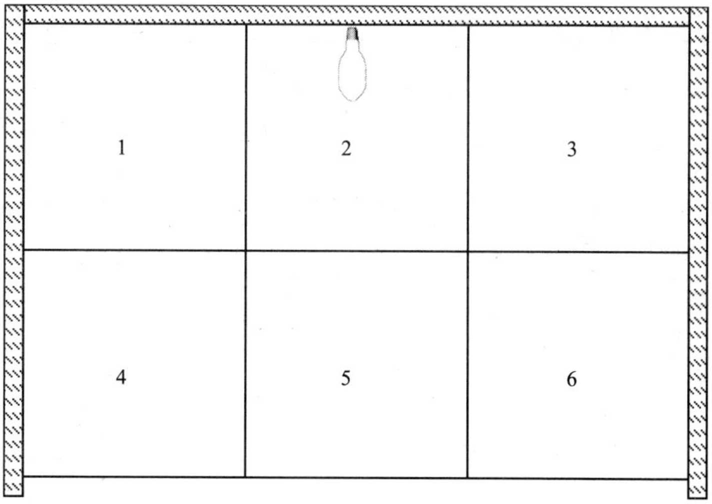

1	2	3
4	5	6

图 22-3　灯诱装置示意图

22.4.3 标本收集与处理

明亮的月夜会影响灯诱的效果，因此宜选择月光少、晴朗无风的夜晚进行采集。每天晚上 18:00～次日 06:00 亮灯，每隔 30 min～2 h 收集一次。

收集标本时，考虑到灯诱捕获的昆虫数量巨大，为减轻工作量，可将幕布平均分为面积为 1.0 m×1.0 m 的 6 个方格，并将其编号为 1、2、3…6（图 22-3）。每次取样时随机选取一个方格，将该方格内的所有昆虫采集取下保存，其他没有被选到的方格内的昆虫不处理，保持自然状态。

采集到的大型鳞翅目昆虫（例如，天蛾科、蚕蛾科等）标本用针管在其胸部注射 1～2 mL 100%酒精，待其不动后取下保存于三角袋内；小型鳞翅目昆虫，用毒瓶杀死后，保存于三角袋内；鞘翅目及同翅目（蚜虫类）直接保存于 70%～80%的酒精中；直翅目、广翅目、同翅目（蝉类）、膜翅目等用毒瓶杀死后，保存于棉层中。身体柔弱的膜翅目、广翅目以及小蛾类等与身体强壮的直翅目等昆虫应分开装入不同的毒瓶中进行毒杀以免损坏标本、影响鉴定。野外采集到的标本带回实验室后做进一步处理。

专栏 22-1 毒瓶的制作方法

（1）潮解式毒瓶

选择大小合适的广口瓶、塑料瓶或指形管，在瓶底铺一层 2～5 mm 的锯末，压平，在锯末上铺适量（5～10 g）氰化钾（KCN），并在药剂上方铺一层 5 mm 的锯末，再浇筑一层石膏糊，最后铺上一层吸水滤纸，盖上严密的胶塞或软木塞。

（2）挥发性毒瓶

选择大小合适的广口瓶、塑料瓶或指形管，在瓶底放入沾有药剂（如乙酸乙酯）的脱脂棉，在脱脂棉上铺一层石膏，或用软木片固定，最后盖上严密的胶塞或软木塞。

专栏 22-2 棉层的制作方法

将剪裁成 20 cm × 12 cm 的脱脂棉（压平后约 5 mm 厚），平铺在用牛皮纸、报纸或较厚吸水纸做成的纸包中间。为防止昆虫的足钩住棉花纤维，可在脱脂棉上铺一层吸水纸。

22.5 马氏网法

22.5.1 适用对象

用于调查日出性、飞行能力强的昆虫，尤其是膜翅目、双翅目、半翅目等。

22.5.2　马氏网布设方法

马氏网是一种形似帐篷的昆虫采集工具（图 22-4），通常设于昆虫飞行路径上，用绳与钉子（或木桩）固定于较平整的地面。马氏网的顶部倾斜，为白色网，下部垂直面为黑色网，一面或多面向外开放让昆虫进入，并有一个垂直网面拦截昆虫飞行。由于昆虫具有向上爬行或趋光的特性，在网内最高处设置一个收集瓶，收集爬到网顶部的昆虫。收集瓶内盛放防腐剂或酒精，或放入一层沾有防腐剂的碎纸，然后再放入一层沾有杀虫剂的碎纸，用于杀死昆虫并保存标本。

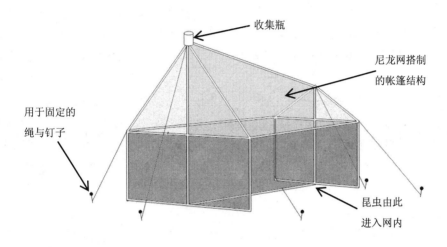

图 22-4　马氏网示意图

22.5.3　标本的收集与处理

每 3～15 d 取一次样。每次取样后要更换收集瓶，并检查网是否有破损。发现破损应及时修补。将采集到的标本装入小瓶中，用 70%～80%的酒精暂时保存，然后带回实验室处理。

22.6　敲击震落法

22.6.1　适用对象

适用于调查假死性昆虫及有吐丝下垂习性的昆虫。

22.6.2　操作方法

在树下铺置白布或报纸，敲击树木，使昆虫下落。及时收集落下的昆虫，防止昆虫逃走。或将捕虫网置于植物枝条下，抖动枝条，使昆虫落入网内。收集到的昆虫装入采集瓶，保存在 70%～80%的酒精中。

22.7   网筛法

22.7.1   适用对象

用于森林地表枯枝落叶层昆虫的调查。

22.7.2   网筛及其使用

网筛由两个金属网圈、网袋和手柄组成。两个网圈上各有一个手柄。上部的网圈为方形，边长 30 cm。中部的网圈为圆形，直径 30 cm，圈内有金属滤筛，滤筛孔径 5 mm。两个网圈间距 30 cm，由网袋相连。网袋由白色棉布制成，总长 100 cm，下端开口，开口处缝制扎口绳。

使用时，先将网袋下端的开口扎紧，用小型铁耙将枯枝落叶搂进两金属框之间，然后左手执上柄，右手执下柄，用力筛动，每筛 5 下稍停（约 10 s），如此反复 4 次后将滤筛之上的枯枝落叶倒出，并将下端开口解开，底物倒入布袋（长 30 cm，宽 25 cm 的矩形布袋，开口附近缝制扎口的细绳），并扎口。再用同样的方式处理下一批枯枝落叶。

22.7.3   标本的收集

大型昆虫可以通过人工分拣完成，但对于个体较小昆虫一般使用 Berlese 漏斗的方法收集。

Berlese 漏斗的主要结构包括一个用于放置样品的金属滤筛，滤筛放置在一个金属或者塑料漏斗上，漏斗下方接一个收集容器，收集容器内通常盛有保存标本的液体，滤筛上有一个围罩来包住样品，罩顶上放置烤虫灯，并用一个灯罩盖住烤虫灯。

使用时，将 4.5～9 L 经过网筛筛得的枯枝落叶底物放于 Berlese 漏斗的滤筛上（漏斗口径 30～38 cm），用 60 W 或 100 W 的烤虫灯来烘烤。烤虫灯所产生的光和热会驱使底物中的昆虫沿漏斗向下移动，并最终进入底部装有毒杀和保存溶液的容器中。通常持续烘烤 2 d 可以得到很好的采集效果，一些少见的种类也会被采集到。

操作时要注意：为了防止太多的底物落入收集容器中，应先将底物放在滤筛上，然后再安装收集容器。在烘烤底物时，温度不宜太高，以免有些移动缓慢的昆虫来不及逃出就被杀死；同时温度也不宜太低，否则有些耐力较强的昆虫就不容易被收集到。

22.8   网捕法

22.8.1   适用对象

适用于调查与监测空中飞行的昆虫，尤其是直翅类、蝇类、蜻类、叶甲等。

22.8.2　捕网及其使用

捕网的网圈用 8 号铁丝制作，网圈直径为 30～35 cm。网袋为白色，长度通常为网圈直径的 1 倍，60～70 cm。捕捉小型甲虫、蜻类等昆虫，使用由厚棉布制成的较结实的网袋；捕捉蜻蜓、蝴蝶等昆虫，使用由尼龙纱制成的轻便型的网袋。手柄长 1 m，可用竹竿、木杆、金属杆等制作。

调查时，调查者沿样线行走，观察并记录一定空间范围内（如 10 m × 10 m × 10 m）能看到的昆虫，并用捕网捕获看到的昆虫。当昆虫进入网后，使网袋底部往上甩，将网底连同昆虫倒翻到上面来，或转动网柄，使网口向下翻，将昆虫封闭在网底。

捕捉到的蝴蝶和蜻蜓一般进行活体鉴定，如果有疑问不能当时确定的个体可以拍照待回到实验室确认，实验室内仍然无法鉴定的物种用毒瓶杀死装入三角袋保存，待进一步鉴定。捕获的其他昆虫用毒瓶杀死后，放入棉层或装有 70%～80% 酒精的小瓶内保存。

22.9　扫捕法

22.9.1　适用对象

适用于调查低矮的草地、灌丛中活动的昆虫。

22.9.2　扫网及其使用

扫网的结构与捕网基本相同，但网柄较短，网袋由结实耐磨的白布或亚麻布制作，网底尖细并开口。使用时将网底扎紧，采到虫后把网底打开，使虫落入采集瓶中。

调查时，调查者沿样线匀速行走，并以固定的距离间隔（如 1 m）进行扫网。与网捕法见到昆虫才使用捕虫网挥捕不同，扫网不一定要看到昆虫，而是规律地边走边扫。每次扫网，调查者应面对植物在正手位和反手位各扫一次，并注意控制网口的水平，避免网内的昆虫跑掉。

22.10　水网法

22.10.1　适用对象

用于肉眼可见的水生昆虫的调查。

22.10.2　水网及其使用

水网的结构与捕网相似，但网袋较浅一点，做成盆底或瓢形底，最好用牢固耐水的尼龙、亚麻或金属纱制作，且要根据虫体大小选取不同孔径的纱。网柄适当加长，并选用坚固不易变形的材料。由于水的阻力较大，网圈也应比较牢固。

采集时，使用水网在水草丰盛的河沟、池沼中进行捕捞，然后用镊子从采集网中挑出昆虫，装入采集瓶，保存在 70%～80%的酒精中。

22.11 苏伯氏网法

22.11.1 适用对象

用于河川底栖型、肉眼可见的水生昆虫的调查。

22.11.2 标本采集与处理

苏伯氏网的结构如图 22-5 所示，长宽高各为 50 cm，网框用不锈钢制成，网袋部分用 20 目的尼龙网制成，网袋近框处有时以帆布加固。

采样点最好设在河床底质为卵石、砾石的地方，水深不宜超过 50 cm。采集时，将苏伯氏网面对水流的方向安置并固定，搅动网框内的河床底质，使其间的底栖昆虫随水流入网中。然后用镊子从网中挑出昆虫，装入采集瓶，保存在 70%～80%的酒精中。

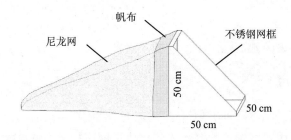

图 22-5 苏伯氏网示意图

23 大型底栖动物

大型底栖动物是指栖息在水域基底表面或底内的，且不能通过 0.5 mm（40 目）孔径筛网的水生动物类群。一般包括水生环节动物、水生软体动物、甲壳动物和水生昆虫等物种类群。

23.1 监测点布设

采样断面和采样点的选择要具有代表性，基于对水体环境的了解，选择那些体现水域特征的地区和地带，如水库的库湾、近坝区，湖泊的中心区、出水口、入水口、湖湾、消落区，河流的浅滩、支流、洄水湾等。采样断面和采样点的数量视具体情况而定，重点从底质、水深、水生植物组成、水域特征等方面进行考虑。大型水体的采样断面一般设置 5～6 个，中型水体 3～5 个，小型水体一般为 3 个。断面上每隔 100～500 m 设置一条采样垂线。每条采样垂线上设一个采样点。

23.2　采样调查法

23.2.1　样本采集

（1）底内生物采集方法

采集底内生物可使用采泥器。其原理是利用采集工具本身具有的重量，沉入水底，取出一定面积的底泥。常用的采泥器如彼得逊采泥器（采样面积为 1/16 m^2）、盒式采泥器、蚌斗式采泥器、带网夹泥器等。海洋生态系统底栖生物调查常用的采泥器类型有抓斗式采泥器、弹簧采泥器、"大洋-50"型采泥器。

带网夹泥器是一种大型底栖动物夹网，主要用于采集大型软体动物的定量标本。采得泥样后将网口闭紧，于水中涤荡，清除网中的泥沙后提出水面，拣出网中的底栖动物。

采样时，一般每个采样点取样不少于 2 次。

（2）底上生物采集方法

采集底上生物采用手抄网法或拖网法。手抄网法用于采集岸边或浅水处的底上生物。拖网法采集样品可使用三角拖网在水底拖拉一段距离，然后收集底栖动物样品。

对于在海上进行的监测，拖网速度控制在 2 节左右，航向稳定后再投网。每站拖网时间一般为 15 min；半定量取样，拖网时间为 10 min（以网具着底开始算起至起网止）。深水拖网可适当延长时间。常用拖网类型有阿氏拖网、三角形拖网、双刃拖网。近岸浅水区，拖网绳长应为水深 3 倍以上；1 000 m 以深的深海区，拖网绳长为水深 1.5～2 倍。

23.2.2　样品分拣

采得的样品当场或带回室内进行分拣。分拣时，将样品倒入分样筛内，用水冲洗干净（或在岸边水中筛洗），然后将渣滓倒入白色解剖盘内，加入清水，用小镊子、解剖针或吸管拣选出底栖动物。柔软较小的动物也可用毛笔分拣。

23.2.3　样品处理与保存

软体动物用 75%乙醇溶液保存，4～5 d 后再换一次乙醇溶液；也可用 5%中性甲醛溶液固定。个体较大的头足类样本（0.25 kg 以上）应往其腹腔中注射体积比为 10%的甲醛溶液。

海绵动物应先用体积比 85%乙醇固定，后换为体积比 75%乙醇加体积比 5%丙三醇保存。

腔肠动物、纽形动物、环节动物与部分甲壳动物先用薄荷脑或硫酸镁麻醉，后换为体积比 5%中性甲醛溶液固定。

星虫类、螠虫类、腕足动物、部分甲壳动物、棘皮动物和鱼类用体积比 5%中性甲醛溶液固定。个体较大的鱼类样本（0.25 kg 以上）应往其腹腔中注射体积比为 10%的甲醛溶液。海胆在固定前应刺破围口膜。

水生昆虫可用 5%乙醇固定，5～6 h 后移入 75%乙醇溶液中保存。

水栖寡毛类应将样本放入培养皿，加少量清水，并缓缓滴加数滴 75%乙醇溶液使虫体麻醉，待其完全舒展伸直后，再用 5%甲醛溶液固定，75%乙醇溶液保存。

23.2.4　种类鉴定与计数

采集到的样本应进行鉴定，主要种类应尽可能鉴定到种。

计数时，易断的纽虫、环节动物只计头部，软体动物死壳不计数。样本量大时，可称取总重，再取其中一小部分称重、计算每个种的个体数，经换算得到样本中不同种类的总个体数。种类个体数换算为 ind/m^2。

23.2.5　生物量测定

每个采样点采集的底栖动物先称总重，然后按不同种类进行称重。群体生物（如有孔虫、珊瑚、部分钙质苔藓虫等）和定性标本可不称重。

称重前，应去除底栖动物的栖息管子（小管可保留）、寄居蟹的寄居外壳、体表伪装物和其他附着物，但软体动物一般不去贝壳。将标本用淡水或蒸馏水冲洗，用滤纸吸去标本表面的水分，大型双壳类应将贝壳分开去除壳内水分。经处理后的样本可称量湿重。如果是称量干重，需要置于 70～100℃烘箱中烘至恒重再进行称量。必要时，可分壳、肉称量并称取灰分重。

23.2.6　数据处理与分析

（1）个体数的换算公式

$$N = \frac{M}{S}$$

式中，N 为个体数，ind/m^2；M 为样品计数得到的个体数，ind；S 为采样面积，m^2。

（2）生物量的换算公式

$$B = \frac{W}{S}$$

式中，B 为生物量，g/m^2；W 为样品称重得到的质量，g；S 为采样面积，m^2。

24　鱼类

24.1　监测点布设

内陆水体，根据水域的主流、缓流、急流、直流等以及调查对象的生活习性识别典型的栖息环境布设监测点。海洋区域，根据海底地形地貌以及调查对象的生活习性确定监测站位，关注如入海河口、重要渔场等重要区域。

24.2　目视法

24.2.1　适用对象

目视法适用于面积较小、水质较清澈水体中的非隐蔽性鱼类调查。该方法不涉及捕获，采用河岸计数法或水下调查法定期调查目标水域内目标物种个体数及其生存状况等信息。

24.2.2　操作方法

（1）直接计数法

直接计数法是最简单、快速并且对鱼类干扰最小的方法，主要适用于池塘中和流水缓慢的淡水小溪和河流中的鱼类调查。

调查时，将要观察的水域分为一些连续但不重叠的小区，小区要足够小，可以在一个有利的观察点上统计小区内所有的鱼类数量。调查者宜穿着暗色衣服，缓慢地走向观察点，可以隐藏在岸边的植物后面，尽量减少对鱼类的干扰。到达观察地点后等待 5 min 后再开始统计。

统计需要持续一定的时间，以完成对视野范围内所有鱼类的统计。但是统计时间也不能太长。如果鱼在统计期间从外面游到统计区内，就可能导致结果偏高。

直接计数法的准确性受到鱼类的易发现程度和调查者的经验水平影响。鱼类如果在水底活动或躲藏在水草等遮蔽物下，就很难观察。直接计数法也受到天气状况的影响。调查应尽量选择明亮少云的天气，最好是有阳光的晴天。

（2）水下调查法

水下调查法主要适用于调查在水质好、较浅的海洋或者淡水中生活的鱼类。开展水下调查要确保调查区域的环境比较安全，不会对调查者产生伤害。

水下观察鱼类可以通过两种方式：一种是使用通气管潜水，另一种是佩戴潜水呼吸工具潜水。装置的选择主要依据水深和水的清澈度来决定。通常水深大于 1.0～1.5 m 较浑浊的淡水湖或者水深 3～4 m 清澈的热带水域，需要借助潜水呼吸工具进行调查。

在调查中可以利用样带或者样点计数取样。在样带取样中，调查者沿着用绳索标记的固定间隔游动，统计一定距离范围内的鱼类数量和大小。游动速度需要缓慢并且保持一致，快速的游动会加大结果的偏差。统计距离的大小取决于可见范围：在热带水域中，为样带两侧 5 m；在温带能见度较低的水域，为样带两侧 1～2 m。观察数据可用软铅笔记录在有机玻璃片上。

24.3　捕捞法

24.3.1　适用对象

捕捞法是利用渔具采集鱼类样本开展分析调查的方法，是鱼类调查中的常用方法。

24.3.2　主要方法及其操作

使用捕捞法要注意根据调查水域的水文情况以及分布的主要鱼类选择合适的渔具进行捕捞，并根据鱼类的摄食和栖息特点，如肉食性、杂食性、草食性，栖息在中上层或底层等，在取样站位范围内采集样本。在生物多样性监测与调查中常使用的捕捞方法有抄网、撒网、拖网、陷阱等。

当采集的标本种类受到作业渔具局限时，可以采用选择性能小的网具（如小网目的网）捕捞小型鱼类。为保证各次监测的结果有可比性，每次监测活动中使用的方法应相同，使用的网具应规格统一。使用不同渔具获得的样品要分别统计。

（1）抄网

抄网适用于在岸边的浅水水域中捕捞活动能力较弱的鱼类。抄网由网囊、框架和手柄组成，呈兜状。调查者使用抄网以舀取方式捕获鱼类，并可结合拦网，如用拦网截取一段溪流，然后再捕捞。

（2）撒网

撒网是以圆锥形网具罩捕鱼类，是一种常用的捕鱼方法。适用于较浅水域，可以用于捕获浅海表层鱼类，也可以捕获江河、湖泊浅水中的底层鱼类。但在水流较急、杂物较多的水域不宜使用。

（3）拖网

拖网是使用渔船拖曳网具，迫使捕捞对象进入网内的方法。拖网适用于水面开阔、水体较深的水域，可以捕获到栖息在不同水层的鱼类，甚至是那些在较深河底或者湖底生活的鱼类以及在海洋中生活的鱼类。

拖网有多种类型。按结构可分为单片、单囊、多囊、有翼单囊、有翼多囊、桁杆、框架等类型。按作业船数可分为单船、双船、多船三种方式。

拖网速度通常根据调查对象的游泳能力及调查船的性能而定。一般地，对于缓慢游动的鱼类最有效的船速为 1.5 节，对于快速游动的鱼类最有效船速为 5 节。调查时，在每个监测站位拖曳 30~60 min，然后收获。

当渔获物数量较大时，应估计全部渔获物总质量。总质量在 30~40 kg 时，全部取样分析；大于 40 kg 时，先从中挑出大型的与稀有的标本，再从渔获物中随机取出 15~20 kg 分析样品，然后将剩下的渔获物按品种和规格装箱。

（4）陷阱

陷阱都以固定方式布设于沿海滩涂、浅水或湖滨、河滩，陷阱中可放置或不放置诱饵，以诱导、拦截鱼类进入渔具。鱼类陷阱按渔具结构分为插网、建网和箔筌三种类型：

① 插网型由带型网衣和插杆构成。使用时根据水域的陆岸地形，将带形网衣在滩涂上用插杆敷设成面向陆岸的弧形、喇叭形或角形等。

② 建网型由网墙、网圈和取鱼部等构成。使用时将箱形网具（都有较长的网墙）用木桩、沉石或锚固定在鱼类洄游的通道上，以横断水流的网墙引导鱼类进入网箱深处。

③ 箔筌型由箔帘和筌等构成。使用时用竹或木杆将竹篾或木条（片）等编结的箔帘固定成巧妙、复杂的形状，拦截、诱导鱼类进入而难以游出，又称为"迷魂阵"。

（5）笼壶

渔具由笼壶器具和绳索等组成。笼壶按结构分为倒须和洞穴两种类型。倒须型为制成笼状的器具，其入口处有倒须装置；洞穴型为制成壶形的器具，其入口处没有倒须装置。

使用时以漂流延绳、定置延绳、散布等方式将笼壶状器具设置在鱼类经常活动的水域，利用鱼类洄游、逆流与顺流进入笼壶或放置诱饵引诱鱼类进入而捕获。

24.3.3　生物样品处理与分析

采集到的生物样品如果不在现场进行分析，应及时冰鲜或速冻或浸制。小型标本要装瓶，用体积分数 5%的甲醛或工业酒精固定。

样本应鉴定到种，分种称取重量并统计尾数。称重前应将鱼体上的附着物去掉或洗净沥干。对于主要经济鱼种、渔获物优势种，每种随机选取不少于 50 尾进行生物学测定。不足 50 尾时则全部测定。测定内容包括体长、体重、年龄、性腺成熟度、摄食强度等项目。

判断鱼类年龄最常用的方法是生长标志鉴定法，即根据鳞片、鳍条、耳石和某些骨骼（如鳃盖骨、支鳍骨、匙骨等）上所表现出的生长标志（如生长轮）来鉴定年龄。

24.3.4　数据处理

（1）拖网法以每小时的渔获物质量（kg/h）或尾数（ind/h）计量。

（2）陷阱法、笼壶法按每 12 h 每个陷阱的渔获量计算，单位为 kg/笼。

（3）鱼类群落优势种分析。

鱼类优势种的优势度使用 Pinkas（1971）的相对重要性指数（IRI）表示：

$$IRI = (N + W) \times F \times 100\%$$

$$IRI(\%) = (IRI / \sum IRI) \times 100\%$$

式中，N 为某一种类个体数占总个体数的百分比；W 为某一种类生物量占总生物量的百分比；F 为某一种类在各个监测站位出现的频率。

24.4 回声探测法

24.4.1 适用对象

回声探测法是鱼类调查中的一种重要方法，该方法在深的淡水水域或者海洋的鱼类调查中广泛应用，具有快速有效、调查区域广、不损坏生物资源等优点，但水深较浅时，受到近声区、盲区、噪声、水生植物的影响较大。

24.4.2 方法原理

回声探测法的技术原理是：利用目标物体与水介质的物理性质不同，当声波在水中传播过程中遇到目标物体时，目标物体对入射声波产生散射作用，由回声探测仪接收回声信号，并根据声波发射后接收到目标回声的间隔时间，测定目标物体所处深度，根据对回声信号强弱和结构的分析，估算目标强度、目标数量以及分布状况等。

目前国际上常用的回声探测仪系统有：SIMRAD 系列、BIOSONICS 系列、HTI 系列等。SIMRAD 系列发展历史悠久，广泛应用于各种渔业研究；BIOSONICS 系列常用在海洋和河流中；HTI 系列常用在河流和基础实验研究中。

24.4.3 操作方法

调查时将回声探测仪装载到调查船上，进行走航调查。调查航线可采取"之"字形断面或采取等距离平行的断面。航线走向宜尽量垂直于鱼类的密度梯度线，每条调查断面尽可能覆盖各种密度类型的生物分布区，以保证断面数据的代表性和评估结果的准确性。

24.4.4 数据处理

（1）鱼类体长测定

目标强度—体长经验公式：

$$TS = a \lg l + b$$

式中，l 为鱼体体长，cm；TS 为鱼类的目标强度，dB，是描述鱼类对声波反射能力的一个物理量；a、b 为回归系数，由目标强度测定实验确定。

（2）鱼类密度测定

基于渔业声学线性原理，回声积分值与所探测的鱼类密度的线性关系为：

$$\rho = S_A / \sigma$$

式中，ρ 为鱼类密度，ind/n mile^2；S_A 为积分值，即每平方海里水域内鱼的声学截面总数，m^2/n mile^2；σ 为鱼类个体的平均声学截面，m^2。

对某一特定的鱼种而言，当其积分值和平均水声学截面（或目标强度）已知时，即可计算其面积密度，进而对整个调查水域的资源量进行评估。

如果鱼类以个体形式分散分布且密度足够低，则可按照 Misund（1997）的公式计算鱼类密度。计算公式如下：

$$\rho = N / \sum_{i=1}^{i=p} V_i$$

式中，ρ 为鱼类密度，ind/m^3；N 为探测到的鱼类回声信号个数；V 为单个脉冲波束探测的水体体积，m^3，$V = \frac{1}{3}\pi(R^3 - r^3) \cdot \tan\frac{\theta}{2}$，其中 θ 为探测波束的角度；R 为探测波束数据分析的终止距离，m；r 为探测波束数据分析的起始距离，m；p 为单元总的脉冲数；i 为单元内的第 i 个脉冲。

25　两栖动物

25.1　路线调查法

25.1.1　适用范围

路线调查法主要用于对监测区域内两栖类的分布、栖息的生境类型、受到的人为干扰等情况进行基础调查。

25.1.2　调查路线设置

在选择调查路线时，要基于对监测区域的自然条件和动植物资源状况了解，并根据两栖动物的生活习性选择具有代表性的线路。通常可沿两栖动物经常活动与出现的溪流或池塘等水域的边缘设置，长度在 1～10 km，由监测区域地形和植被的具体情况以及调查可达性、可实施性而定。

25.1.3　观测记录

调查时，通过行走或借助交通工具沿设定的调查路线进行调查，记录调查对象是否有分布及其生境的基本情况。

表 25-1 两栖动物野外调查记录表

调查地点_____ 调查人_____ 日期_____

GPS 定位：起点 N_____ E_____ 终点 N_____ E_____ 海拔_____～_____

小地形_____ 植被类型_____ 天气状况_____

编号	动物名称		记录方式	性别	数量	海拔	习性及特征	小生境	发现位置	人为干扰		备注
	学名	俗名								类型	强度	

注：（1）记录方式：成体、幼体、蝌蚪、卵、鸣声等；
　　（2）小生境：林缘、林中空地、灌丛、农地、民宅、河流、溪流、自然湖泊、沼泽、临时水域、人工湖泊、草丛等；
　　（3）发现位置：地面、水中（石上、石下、水面、水中）、水边（石上、土上、泥中）、树上（低矮树叶、树枝、高树叶）、草上等；
　　（4）人为干扰：类型（砍伐、采集、偷猎、放牧）、强度（频繁、一般、少、无）。

25.2 样带法

25.2.1 样带设置

在每种生境类型中选设 3～5 条样带；样带长度 100～200 m，山地溪流样带单侧宽度为 10 m，地势平坦地区的样带单侧宽度为 2.5～5 m。

25.2.2 观测记录

调查者沿样带匀速前进，并规律性地间断停下进行系统搜寻。夜间调查可使用手电筒进行探照。观察与记录发现的动物实体，辅以鸣声辨认，按种类统计个体数量，并注意避免重复计数。

25.3 定点计数法

定点计数法即是选取若干固定观测点，调查者在观测点观察与记录发现的两栖类个体。

对于会发出求偶叫声的种类，还可利用收录机记录其鸣唱的声音进行观测。录音时可用定时器配合，能有效延长监测时间，且减小监测人员对当地蛙类的影响，还有可能监测到不常见的物种鸣叫。一般从 19:00—次日 04:00，每小时记录 5 min，连续记录 3

个晚上，并将声音记录带回实验室分析，辨别种类和数量。

25.4 捕尽法

25.4.1 适用范围

捕尽法是将一定面积样方内所有两栖类个体全部捕获的方法，适用于两栖类种类和数量的调查。

25.4.2 样方设置

调查样方大小依具体情况而定，通常可设为 10 m × 10 m～50 m × 50 m。

25.4.3 操作方法

调查时，由数名调查者同时从不同方向开始在样方内往返前进，细心观察，借助捕捉网捕捉遇见的所有个体。尽量在较短时间内完成捕捉，以确保调查结果的准确性。夜间调查应使用手电筒进行探照。

捕获的个体分别装入袋中，编号记录，待称重和统计数量。

25.4.4 生物样本的处理与保存

为防止采集到的标本腐烂、霉变，标本在野外采集后要进行初步处理。野外处理时，先清洁活体标本，然后用乙醚麻醉处死；向标本腹腔内注射适量固定液（6%福尔马林或70%乙醇）；将标本平放入标本制作盒中调整姿势；在标本上均匀地喷洒预固定液（8%福尔马林）；放置24～48 h，待标本身体僵硬后放入固定液（6%福尔马林或70%乙醇）中浸泡。

如果采集的标本为蝌蚪，则可将标本清洁后直接放入固定液中浸泡，24 h 后更换浸泡液一次即可。浸泡过程中，使蝌蚪的头部朝下。一个容器中不可存放过多，以免挤压变形。

25.5 陷阱法

陷阱法适用于进行简单的个体数量统计或结合标记-重捕法进行种群数量调查。使用时，应根据调查对象的特点选择合适的陷阱装置。

25.5.1 掉落式陷阱

用以捕捉陆地上活动的种类。

布设方法为：在样地内挖坑，埋入塑料水桶（容量 10 L；如果是捕捉蛙类等跳跃能力较强的物种，要选择更深的桶），桶口与地面齐平，桶底钻洞以便排水，桶上方架设遮雨棚，减少雨水或树枝掉落到桶中。桶内可放置诱饵，增加捕捉机会。为扩大陷阱的捕捉面积，可利用黑色塑料板制作围篱来引导、限制动物的活动方向（图 25-1）。围篱通常高 60 cm、宽 75 cm 左右。

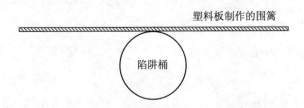

图 25-1　设置围篱的陷阱平面示意图

　　布设多个陷阱时，陷阱彼此间应相隔一定距离，通常大于 10 m。如果陷阱尺寸较小，可适当缩短间距。

　　陷阱布设后，要每天检查一次，最好是在清晨进行。

25.5.2　瓶子陷阱

　　捕捉蝾螈或蝌蚪等，可将塑料瓶改造并制成陷阱，布置到水体边缘或中心较深处。陷阱装置的制作如图 25-2 所示。

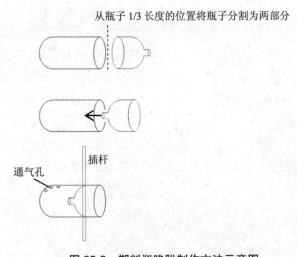

图 25-2　塑料瓶陷阱制作方法示意图

　　安放陷阱时，使瓶体倾斜，开口朝向深水处，并用插杆（木棍或竹竿等）固定瓶子。安置在水体边缘的陷阱，瓶体后部一部分翘出水面，使瓶中预留一部分空气，并借助通气孔进行气体交换。安置在水体深处的陷阱，瓶体全部没入水中，并使用明显的标记标示陷阱位置，便于查找。布设多个陷阱时，陷阱之间应间隔 1～2 m。

　　陷阱布设过夜，于第二天清晨或上午及时检查并收集捕捉到的动物。检查陷阱的间隔时间不宜超过 17 h。对于布设在水体深处、不能为陷阱中捕获到的动物提供呼吸空气的陷阱，进行检查的间隔时间应进一步缩短，防止动物窒息死亡。通常在 7 月、8 月进行的调查，间隔时间不超过 7 h，9 月间隔时间不超过 8 h。

26　爬行动物

26.1　样带法

26.1.1　样带设置

根据植被类型、水源分布、海拔、地形等因子选择调查区域。在每个调查区域中布设 3～5 条样带，样带长度 200～500 m。若进行大范围调查，样带长度可设为 1～10 km。样带单侧宽度 5～30 m。

26.1.2　操作方法

调查时，1～5 名调查者并排沿样带匀速前进。发现爬行动物个体后，记录种类、大小、数量以及小生境情况等。

一些在夜间活动的种类，白天不易被发现。可在夜间对已调查的样带重复调查一次，补充观察数据。

26.1.3　数据处理

样带法估算种群密度：

$$D = \frac{N}{LB}$$

式中，D 为种群密度，ind/m²；N 为观测到的种群总数，ind；L 为样带长度，m；B 为样带宽度，m。

26.2　样方法

26.2.1　样方设置

每种生境类型中设置 2～5 个样方。样方大小根据调查对象以及地形、植被等条件设定，蜥蜴调查样方通常为 20 m × 20 m～50 m × 50 m，蛇类调查样方通常为 200 m × 200 m。

26.2.2 操作方法

样方法可结合捕尽法或标志-重捕法进行调查。

捕尽法要捕获样方内的所有个体,包括地面上活动的以及洞穴中的个体。

标志-重捕法对捕获的个体进行标记并原地释放,在一段时间后重复捕捉。还可以采用多次标志重捕的方法,即对后来捕捉的个体检查其标志情况,然后再标志,再释放。

捕获蜥蜴类可使用长镊子,用镊子夹住蜥蜴颈部,或使用钓竿,用活套套住蜥蜴颈部后迅速提起。捉住的蜥蜴放入布袋或尼龙箱中。

抓捕蛇类要使用蛇叉、蛇套或蛇钳等专用工具,并注意安全。抓住后,将蛇的尾部先放入网箱中,然后迅速松开蛇套或蛇钳,同时用力将蛇扔入箱中,并关闭箱口。

抓捕龟鳖类可使用钓竿或渔网。捉住的龟鳖类应放入盛有少许清水的桶中。

26.2.3 数据处理

(1)有效蛇蜕处理方法

对于样方内发现的蛇蜕,视如下情况分别处理:如果捕捉到的蛇中无该蛇蜕种类的蛇,视为有效蛇蜕;如果捕捉到的蛇中有该蛇蜕种类的蛇,且大小与蛇蜕大小差不多,则不计为有效蛇蜕;如果蛇蜕种类无法鉴定,其大小与捕捉到的蛇均有显著差异的,视为有效蛇蜕。

有效蛇蜕与蛇实体数的换算公式为:

$$N = cy$$

式中,N 为蛇的实体数;y 为有效蛇蜕数;c 为换算系数,即该蛇蜕的蛇在样方中的概率。

(2)捕尽法估算种群密度

种群密度估算公式为:

$$D = n/s$$

式中,D 为种群密度,ind/m^2;n 为样方中捕捉到的个体数,ind;s 为样方面积,m^2。

(3)标志-重捕法估算种群数量和种群密度

基于多次标志-重捕数据,可采用施夸贝尔法(Schnabel method)计算样方内的种群数量和密度。计算公式为:

$$N = \frac{\sum(n_i M_i^2)}{\sum(M_i m_i)}$$

式中,N 为种群总数,ind;n_i 为第 i 次取样时,捕获的动物总数;M_i 为第 i 次取样时,种群中已标志动物总数;m_i 为第 i 次取样时,捕获动物中已标志的动物总数。

$$D = N / s$$

式中，D 为种群密度，ind/m^2；N 为种群总数，ind；s 为样方面积，m^2。

26.3　陷阱法

陷阱法可用于进行简单的数量统计，也可与标记-重捕法结合，用于估计种群数量。

陷阱可直接在地面挖制，陷阱的大小与深度根据调查对象的大小来确定，陷阱深在 30 cm 以上。洞口用枯枝落叶做伪装，并在陷阱上方约 15 cm 高度悬挂诱饵。

捕捉蜥蜴类还可以使用陷阱盒。陷阱盒的形状为方形或圆形，使用时埋入土中，并使开口与地面平行。陷阱盒的盖子为可开闭式的，当动物移动到盒盖上时，盒盖反转，使动物掉落到陷阱盒中。陷阱盒的大小也应根据调查对象的大小来确定，通常比待抓捕的动物大 10～20 cm。

陷阱布设后，每天定时检查。发现动物后，及时取出。如果环境条件恶劣，如高温等，需要缩短检查的时间，防止动物死亡。

26.4　笼捕法

26.4.1　适用对象

笼捕法常用在对龟鳖类的调查中。

26.4.2　笼捕装置与操作

捕龟笼可为方形或圆柱形，由铁丝网制成。

方形捕龟笼通常只一端开口，放置时使铁笼平放，开口端朝向一侧。笼口有挡门，只能向内打开，动物进入后不能逃脱。

捕捉水中的龟鳖类还可使用类似捕鱼笼的圆柱形捕龟笼。使用时，沿水的流向布设。这种捕龟笼两端开口，开口易进难出（图 26-1）。

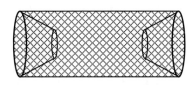

图 26-1　捕龟笼示意图

捕龟笼的笼体大小根据调查对象的大小而定，宽/直径通常在 20～50 cm，笼体长约为宽/直径的 2 倍。笼内放置诱饵，连续布设数天，每 1～2 d 检查一次。

26.4.3　数据处理

相对种群密度为平均每个笼捕日所捕获的个体数。一个抓捕笼放置一个昼夜为一个笼捕日。相对种群密度计算公式为：

$$相对种群密度（ind/笼捕日）=\frac{被抓捕的个体总数}{笼捕日数}$$

27　鸟类

27.1　陆地鸟类监测方法

27.1.1　样线法

27.1.1.1　适用对象

样线法是在鸟类调查中被广泛使用和优先选择的调查方法，最适于在连续、开阔的栖息地内进行鸟类调查，适用于调查活动性强、个体较大较显眼、易受惊的种类。

27.1.1.2　样线法的类型

（1）固定距离样线法

固定样带的宽度，调查者在沿调查线路行走过程中，观察与记录固定距离内所看到和听到的鸟类。在森林类型的栖息地中，样线单侧宽度一般设为 25 m；在开阔地中设为 50 m；对于大型猛禽等，根据实际情况增大样线的宽度。固定距离样线法可用于估计鸟类的密度。

（2）可变距离样线法

可变距离样线法是一种最常用的样线调查方法。调查时，除观察与统计样线两侧出现的鸟类种类和数量外，还测定所有观察到的鸟类个体到调查路线间的垂直距离，然后采用如 Distance 等分析软件对数据进行分析，利用模型估算鸟类的种群密度和有效样带宽度等。

（3）无距离样线法

不设定样带的宽度，也不估计鸟类个体到样线的垂直距离，只记录沿样线行走时观察到的鸟类种类和数量，用于相对地估计鸟类数量。

27.1.1.3　样线设置

调查样线为直线，最好在样地内以随机抽样或系统抽样的方式确定。其长度应根据野外调查所需花费的时间、监测区域的大小和需调查鸟类种数的多少来确定，一般为 1～5 km。有时受到样地可进入性的限制，也可以选择一条穿越整个样地的自然小路作为调查路线。但样线的设置应尽量避免沿着样地边界或者公路，以免这些线性特征对鸟类种群的干扰而使调查结果出现偏差。样线之间要保持适当的间隔距离，以避免相同的个体在不同样线中被重复记数。一般，在森林等郁闭栖息地的间隔距离为150～200m，在开阔栖息地通常间隔250～500 m。

长调查样线也可以分成总长度相同的若干短调查样线，然后随机布设在样地内。如将1 km的长调查样线分为5条200 m的短调查样线。不连续的短样线调查，每两条短调查样线间必须保持足够的距离；连续的短样线调查，可以将调查线路设置为"Z"字形。

27.1.1.4　观测记录

调查者沿样线行走，观察与记录发现的所有鸟类。调查者沿样线行走的速度，在郁闭栖息地中以1 km/h为宜，在开阔栖息地中为2 km/h。

每条样线进行2次以上的重复调查。如果要求调查到监测样地内全部鸟类种类的75%～80%，则最少要重复调查4～6次。

记录能够见到的或听到的所有鸟类个体，有时还需要借助鸟类留下的一些可鉴别的痕迹进行间接调查，如脱落的羽毛、粪便、足迹等。

表27-1　样线法鸟类调查记录表

地点＿＿＿＿＿＿＿＿＿＿＿＿　调查人＿＿＿＿　日期＿＿＿＿　时间＿：＿～＿：＿
海拔＿＿＿＿＿＿＿　GPS定位：东经＿＿＿＿＿＿　北纬＿＿＿＿＿＿　天气＿＿＿
样地编号＿＿＿＿　生境＿＿＿＿＿＿＿＿＿＿＿＿＿＿　样线编号＿＿＿＿＿

时间	种类名称	数量	到样线的垂直距离/m					性别	年龄	行为	活动高度	备注
			0～5	5～10	10～20	20～30	＞30					

注：（1）时间记录栏内的时间记录格式如"06:15"；
　　（2）数量为每次观察到并在一起活动的个体数量，如能辨别雌雄成幼，则记录时尽可能详细。

27.1.1.5 距离测定

测定观察到的鸟类个体到样线的距离包括两种类型，即距离范围和实际距离。

距离范围的确定是先在调查样线两侧划分多条宽度带，如 0～10 m、10～20 m、20～30 m 等，然后判断鸟类个体所在的宽度带。理论上，宽度带划分得越多越细，分析结果越可靠。

实际距离的测定可以是在发现鸟类个体后，记住第一次发现该个体的位置，然后由调查者走到与该个体垂直相对的位置，用测距仪测出鸟类个体到调查样线的距离。

27.1.1.6 数据处理

样线法鸟类的种群密度计算公式：

$$D = N/2LW$$

式中，D 为鸟类种群密度，只/km^2；N 为观测记录的鸟类个体数量，只；L 为样线长度，km；W 为样线单侧宽度，m。

27.1.2 样点法

27.1.2.1 适用对象

可用于易辨认的鸟类以及鸣禽的调查。也可用于调查一些稀有种类，尤其是郁闭栖息地中的鸟类。

27.1.2.2 样点法的类型

（1）无距离估计样点法

观察记录样点周围所有能发现的鸟类，没有调查半径的限制。

（2）固定半径样点法

只记录样点周围一定半径范围内的所有鸟类。一般在森林等郁闭栖息地中的调查半径为 25 m，开阔栖息地中为 50 m。固定半径样点法调查的结果可以用多点统计数据或样点面积来估算鸟类密度。

（3）可变半径样点法

观测与记录样点周围出现的鸟类，并测定鸟类个体到样点中心的距离，然后利用如 Distance 等分析软件对数据进行分析，利用模型估算鸟类的种群密度和有效半径。

27.1.2.3 样点设置

采用系统抽样、层次抽样或随机抽样的方法在样地中选择若干调查样点。为有效地估计鸟类的密度，样点的数量通常需要 20 个以上。

为保证调查的独立性，每两个样点间应保持足够的距离，保证调查范围不重叠。一般地，固定半径样点法的调查样点间距离宜在 100 m 以上，可变半径样点法的调查样点间距离宜在 200 m 以上，开阔栖息地上的样点间距离要适当地扩大。

27.1.2.4 观测方式

样点调查的时间一般选择为日出后 2.5～3.5 h。调查者到达调查样点后应尽早开始观察记录，观测时间持续 8～10 min。每个样点进行 2 次以上的重复调查，一次在繁殖季节，一次在非繁殖季节。如果监测区位于鸟类迁徙通道的地区，还应在候鸟迁徙期间进行调查。

记录能够见到或听到的所有鸟类个体，有时还需要借助鸟类留下的一些可鉴别的痕迹进行间接调查，如脱落的羽毛、粪便、足迹等。

运动的鸟类个体随机地进入调查范围可能导致过高地估计种群密度，因此在调查过程中应将运动中进入调查范围的鸟类个体分开记录或标记备注。

表 27-2　样点法鸟类调查记录表

样地编号_____地点_____调查人_____日期_____时间__：__～__：__
海拔_____GPS 定位：东经_____北纬_____
天气_____能见度_____生境_____

时间	种类名称	数量	性别	年龄	观察距离	行为	活动高度	备注

注：（1）时间记录栏内的时间记录格式如"06:15"；
　　（2）数量为每次观察到并在一起活动的个体数量，如能辨别雌雄成幼，则记录时尽可能详细；
　　（3）观察距离：每次鸟群中心个体到观察点距离。

27.1.2.5　距离测定

样点法测定观察到的鸟类个体到样点中心的距离包括两种类型，即距离范围和实际距离。距离测定的方法与样线法类似。

距离范围的确定是先在调查样点周围划分多条不同半径的区带，然后判断鸟类个体所在的区带。

实际距离的测定可以是在发现鸟类个体后，记住第一次发现该个体的位置，然后用测距仪测出鸟类个体到调查样点的距离。

27.1.2.6　数据处理

进行鸟类种群密度分析时，应取每种鸟类在每个观测点上的最大值进行计算。样点法鸟类的种群密度计算公式为：

$$D = N / 3.14r^2$$

式中，D 为鸟类种群密度，只/hm^2；N 为观测记录的鸟类个体数量，只；r 为调查半径，m。

27.1.3 标图法

27.1.3.1 适用对象

有明显繁殖领域的鸟类,如大部分的燕雀目鸟类以及部分涉禽等。由于领域制图法非常费时,成本较高,不适用于调查群聚的,或松散成组,或相对于调查面积其领域面积较大的鸟类。

27.1.3.2 样地设置

圆形和长方形的样地较为理想。样地的面积取决于调查目标种类的空间分布和数量分布特征,每个样地要求包含 3 个以上被调查鸟类的领域。通常,调查郁闭栖息地(如森林)中生活的鸟类,样地面积设为 $10\sim20\ hm^2$;调查开阔栖息地(如草地、沼泽地等)中生活的鸟类,样地面积设为 $50\sim100\ hm^2$。

样地确定后,需要制作样地图。可以利用调查区域的地图、地形图、航空照片或卫星遥感图像进行制作,样地图的比例尺为 1∶2 500,并将方便鉴别的对象或地标如楼房、池塘、树、小路、马路、篱笆等标注于样地图上。

27.1.3.3 观测与记录方式

于繁殖季节对每个样地进行 5～10 次调查。调查时间要与目标物种的主要的鸣唱期相符合。每次调查最好在中午之前完成,且不要将一次调查分成多天进行,避免产生相同的鸟类个体被重复记录的问题。

每一个鸟种用一张领域地图进行记录。调查者在样地中沿相间 50 m 的调查路线缓慢行走,将观察到的每个个体标注在地图上。在调查地点边缘外围 50 m 的范围的鸟类也需要记录,以确保包含了那些覆盖了边缘的领域。调查速度在森林等郁闭的栖息地中为 $2.5\sim5\ hm^2/h$,在开阔的栖息地中大约为 $20\ hm^2/h$。

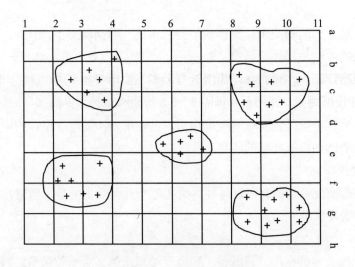

图 27-1 标图法位点模式图

27.1.3.4　数据处理

调查全部结束后，将各次调查所标示在地图上的信息合并，转换为种类图（一个鸟种一张图）。注意区别不同次的观察记录，如将第一次调查的记录转到同一张图上时用 A 表示，第二次调查的记录用 B 表示等。

根据种类图上的记录信息，用互不重叠的环线圈出位点群，即大致的鸟类领域边界。然后可利用如下公式估计鸟类种群密度：

$$D = CN / S$$

式中，D 为鸟类种群密度，ind/hm^2；C 为总位点群数；N 为每一位点群内平均个体数；S 为样地面积，hm^2。

27.1.4　鸣声录音回放法

27.1.4.1　适用对象

鸣声录音回放法是鸟类调查的一种辅助手段，与样线法、样点法相结合，广泛用于湿地鸟类、鸮形目鸟类和猛禽的调查，也适用于调查生活在茂密栖息地中、具有藏匿行为或夜行性等不易直接观察到的鸟类。

27.1.4.2　操作方法

将鸟类鸣声录音用播放器在野外播放，以此引起鸟类对鸣声起反应或吸引鸟类接近录音播放器，达到增加鸟类发现率的作用。

27.1.5　雾网法

27.1.5.1　适用对象

利用雾网（mist nets）捕捉的方法尤其适用于调查生活在林下层的鸟类，也适用于郁闭栖息地中的行动隐蔽、少鸣唱、没有领域的鸟类。

27.1.5.2　操作方法

森林鸟类群落调查使用的雾网规格为长 12 m、高 2.5 m、网眼 36 mm。布设时，在准备张网的地方清理出一个高 3 m、长 13～15 m、宽 1～2 m 的场地，用网杆把网的两端支立起来，并使网绷紧。张网后，每隔 2～3 h 检查一次网，以减低鸟的死亡率。取下上网的鸟，记录种类、性别，并称重、测量，检查鸟的换羽情况、繁殖状况等。若需进行标志-重捕调查，则在鸟的右脚套上鸟环后，在原地放飞。

张网数量、张网时间、张网次数、网间距离等，根据调查对象和栖息地条件等确定。张网密度可参考 1.25～1.5 nets/hm^2。

27.2　水鸟监测方法

27.2.1　直接计数法

27.2.1.1　适用对象

适用于如越冬水禽、便于计数的繁殖水鸟群体。

27.2.1.2　观察记录

借助单筒望远镜或双筒望远镜进行直接观察与计数。如果鸟类个体数量极多，或处于飞行、取食、行走等运动状态，可用 5、20、50、100 等倍数为计数单位来估计鸟类种群数量。

27.2.2　样方法

27.2.2.1　适用对象

适用于鸟类密度很高或难以进行直接计数的地区的鸟类调查。

27.2.2.2　样方设置

在调查区域内随机布设样方。每个调查区域内的样方个数不少于 8 个。样方大小一般不小于 20 m × 20 m。

27.2.2.3　观察记录

同"直接计数法"。

27.3　海洋鸟类监测方法

27.3.1　海上样线法

27.3.1.1　适用对象

离开繁殖群聚地的海鸟。

27.3.1.2　海上样线设置

理想条件下，随机设置样线线路。但考虑到海上样线调查费用高昂，可以通过在其他活动的船上进行观察。

样线长度由船速和调查行驶时间确定，如以 10 节的船速 10 min 行驶约 3 km。

27.3.1.3　观测记录

调查者仅从船的一边，观察计数距船垂直距离 300 m 范围以内的鸟类，包括海面上的鸟类个体和飞翔中的鸟类个体。与船相联系的鸟（如跟着船走的鸟）或忽略不计，或分开记录。

27.3.1.4　数据处理

海上样线法鸟类的种群密度计算公式：

$$D = N /(W \cdot vt)$$

式中，D 为鸟类种群密度，只/km^2；N 为观测记录的鸟类个体数量，只；W 为样线单侧宽度，m；v 为船速，nmile/h；t 为船的行驶时间，h。

27.3.2　繁殖群落统计法

27.3.2.1　适用对象

适用于群聚筑巢的海鸟。

27.3.2.2　观测记录

在鸟类繁殖期进行调查。在一天中鸟类出现数量最稳定的时候进行，避免在早晨和夜晚进行调查。

调查悬崖上筑巢的鸟类，应选择安全的调查位置和线路，统计鸟类对数（pairs）或有鸟占据的鸟巢数量。对于鸟巢密度很高的鸟种（如黑尾鸥），可将群居地区划分为多个小区，再依次数算每个小区内的个体数量。对于鸟巢高度可见的鸟种（如雨燕），可通过群落拍照，从照片上数算鸟巢数量。

调查地面筑巢的鸟类，统计有鸟占据的鸟巢数量。如果群落较小且容易看见，鸟巢数量可以直接数算。对于大型群落聚居地，可以分小区再分别数算。对于特别大的群落以及洞巢鸟类，结合样线法进行调查。每条样线只进行一次调查数算。然后通过聚居地的总面积和样线中被鸟所占据的鸟巢数量以及样线的调查面积进行估算。

28　哺乳动物

28.1　陆生哺乳动物监测方法

28.1.1　总体记数法

28.1.1.1　适用对象

适用于生活在开阔栖息地或范围有限区域的、易观察到的、昼行性大、中型兽类，尤其是群居性的动物。

28.1.1.2　操作方法

首先进行预调查，摸清目标物种在区域内的具体分布地段，然后划分若干监测小区。抽调足够的人力，按监测小区逐块调查，最后得到目标物种的总数。进行总体计数时，调查时间要相对集中，最好在同一天完成，防止由于动物迁移而漏计或重计。

28.1.2 样线法

28.1.2.1 适用对象

样线法很少受到生境条件的限制，可用于大多数兽类物种的调查，也适合用于在短时间内进行面积较大区域的兽类调查。

28.1.2.2 样线设置

调查样线尽可能随机分布，尽量避免沿着一条小路、一条边界或者一条公路设置，以免这些线性特征对哺乳动物影响而出现偏差。样线长度为 2~3 km。每个监测区域的样线数量不少于 5 条。

利用固定距离样线法进行调查时，样线的宽度固定。单侧宽度依据监测区植被的疏密、可视距离等确定。利用可变距离样线法进行调查时，不设定样带的宽度，但需测定兽类个体到样线的垂直距离。

28.1.2.3 观察记录

调查者沿预定路线行走，行走速度控制为 2~3 km/h。观察与记录沿途遇见或听见的兽类，并测量与记录其到样线的距离。由于一些物种在野外很难直接观察到动物实体，可通过观测动物的足迹、排泄物、脱毛、落角、食痕、掘迹、爪迹、擦痕、卧迹、尿迹、窝穴、残骸等动物踪迹来判断物种的出现、种类，估计数量。

表 28-1 样线法兽类调查记录表

地点_____ 调查人_____ 日期_____ 时间___: __~__: __

起点：东经_____ 北纬_____ 终点：东经_____ 北纬_____ 海拔幅度_____~_____ m

天气_____ 能见度_____ 生境_____._____

样线编号_____ 样线长_____ 宽_____

种名	实体			间接证据			坐标位置	遇见率	备注
	性别	成幼	数量	证据类型	数量	描述与测量			

注：（1）间接证据：足迹、粪便、食痕、擦痕、爪迹、毛发、鸣声；

（2）遇见率：稀有、偶尔、常见、丰富、已知消失、历史记录。

28.1.2.4　距离测定

发现动物后，记住动物出现的位置，用罗盘测定动物出现的方向和调查前进方向的夹角，目测调查者观察位置与动物之间的距离或用测距仪测定。动物到调查路线的垂直距离等于动物到调查者的距离乘以夹角的正弦值。

28.1.2.5　数据处理

样线法兽类的种群密度计算公式：

$$D = N / 2LW$$

式中，D 为兽类种群密度，只/km^2；N 为观测记录的兽类个体数量，只；L 为样线长度，km；W 为样线单侧宽度，m。

28.1.3　样点法

28.1.3.1　适用对象

可用于大多数兽类物种的调查。

28.1.3.2　样点设置

调查样点可以通过系统抽样、层次抽样或随机抽样在样地中进行布设。如果是调查特定的物种，则根据信息收集与走访当地居民，掌握动物经常出现的区域，将调查样点布设在动物可能出没的盐碱塘、饮水处、有规律性的必经通道、栖息的洞穴等场所。不论是哪种布设方法，样点之间都要保持足够的距离，以保证调查的独立性。

28.1.3.3　观察记录

一种方法是调查者在样点处守候，等待动物的出现，观察与记录看到或听到的动物或动物踪迹。每个样点最好能进行 2 次以上的调查。

另一种方法是借助红外线照相机，将红外线照相机安置在样点处，通过影像拍摄，可以记录到一些隐蔽性的、不易被观测到的动物以及夜行性的动物。相机的传感器窗口要正对目标动物可能经过的地点，并避免朝向太阳出现的方位。相机在野外放置的时间根据调查对象、调查内容、设备性能等因素确定，通常为数天至数周。

28.1.4　捕捉法

28.1.4.1　适用对象

主要用于小型兽类（如啮齿类等）以及飞行性兽类（如蝙蝠）的调查。

28.1.4.2　主要方法及其操作

（1）铗日法

在样地中或单位面积（如 100 m × 100 m）内布设 100 个鼠铗。布铗的方式通常按照铗距 5 m、行距 50 m，每 50 铗为一行。鼠铗上可放置诱饵。过夜（或一昼夜）后，于次日清晨进行检测，收集捕获的鼠类。如遇翻铗或失饵，无鼠实体但铗有鼠毛时，应计作捕鼠数量。

（2）置铗捕尽法

在方形样地中设置 16 × 16 个捕捉点，间隔 15 m × 15 m，在每个点上布设 2 个鼠铗。连续诱捕 5 d 后将样地缩小一半，再设置 8×8 个捕捉点，连续诱捕 3 d，尽可能将样地内的鼠类全部捕光。

（3）网捕法

适用于翼手类（如蝙蝠）调查。

利用兜网捕捉蝙蝠。也可参考鸟类捕捉方法架设鸟网，每天早晚各检查一次。

28.1.5　洞口统计法

28.1.5.1　适用对象

适用于具有明显巢穴或洞穴的哺乳动物调查。

28.1.5.2　样地/样线设置

根据调查目的和当地自然环境选择具有代表性的样地。样地为方形或圆形，大小一般为 0.25 hm^2、0.5 hm^2 或 1 hm^2。

对于生境变化较大的区域，可设置调查样线。样线长度 1 km 或数千米；固定宽度，单侧宽 2～5 m。

28.1.5.3　观察记录

对样地内的所有巢穴或洞穴进行全面系统的调查。观察动物行为或周围的动物痕迹，确认已经废弃的巢穴或洞穴，并从数据中摒除。

28.1.5.4　数据处理

$$样地单位面积鼠只数 = 单位面积洞口数 × 洞口系数$$

洞口系数即洞口统计法的换算系数，为样地总鼠数与总洞口数之比。洞口系数受被调查的鼠种类、季节、区域等因素影响，应通过前期的调查来确定。调查方法为：选择典型样地，将样地内的全部洞口堵塞，次日查看被打开的洞口，即有鼠洞或称为有效洞口；置铗（至少 2 昼夜）或挖掘洞穴，全部捕光洞内的鼠类；计算得到洞口系数。

28.2　水生哺乳动物监测方法

28.2.1　直接计数法

28.2.1.1　适用对象

适用于调查会到水面活动、易被观察到的种类。

28.2.1.2　操作方法

借助考察船在水域中单向或来回航行，船速一般为 8～12 km/h，每 10 min 记录一次位置。调查者在船上用肉眼并辅以望远镜观察航行途中发现的水生哺乳动物。如果监测江段较长或监测水域面积较大，可将监测水域分段或分区，保证每个短的监测江段或小的监测水域能在一天内完成一次来回或单向考察。

28.2.2　截线抽样法

28.2.2.1　适用对象

适用于鲸豚类动物的考察，尤其是在湖区或海洋等水面广阔区域开展的考察。通过直接观察，可以观测与记录到水面上活动的动物。

28.2.2.2　调查截线的布设

调查截线为直线，其布设通常有如下方式：系统平行线路线设计、随机平行线路线设计、等角"之"字形路线设计和等距"之"字形路线设计等。调查截线要尽可能避免沿与动物密度梯度平行的方向布设，以防种群数量估计出现偏差。在湖泊、海湾与港湾等开阔水域，优先使用系统平行线设计的布设方法，设置覆盖整个调查水域的一系列平行线；在宽阔的河道中，采用与河岸平行且距岸边 200 m 左右的考察路线；在海洋区域，采用"之"字形路线设计，或垂直于海岸或与海岸呈一定角度布设样线；在复杂水域，可根据地理条件将考察区域分区，对于不同区块采用不同的截线布设方法。

28.2.2.3　观测记录

调查时，船速不宜过快。在海洋中，船速一般控制在 8～10 nmile/h；在内陆水域，船速控制在 8～12 km/h。航行过程中，每分钟记录航迹一次。

观察平台要平稳、有一定的高度，使视野开阔无障碍。为保证良好的观测覆盖度，以两名以上的观察者同时观察为宜。以肉眼观察为主，配合使用双筒望远镜，观察前方 180° 视野范围（左侧 90° 到右侧 90°）内的水域。发现目标物种时，记录发现时间、地理坐标、动物的群体大小，测定动物到截线的垂直距离、调查者到动物的距离、动物所在方向与截线的夹角（左为负，右为正）。若采用目测法估计距离，应经常开展距离校正训练与测试，以提高调查者的目测估计能力。

28.2.2.4　数据处理

（1）探测对象到截线的垂直距离计算公式为：

$$x = r\sin\theta$$

式中，x 为动物到截线的垂直距离，m；r 为调查者与动物间的直线距离，m；θ 为调查者与动物所在位置的连线与截线之间的夹角。

（2）截线抽样法估算目标物种数量的公式为：

$$N = A \times \frac{nsf(0)}{2Lg(0)}$$

式中，N 为目标物种数量，只；A 为调查区域面积，km^2；n 为发现目标物种的次数；s 为目标物种群体的平均大小，只/群；L 为调查截线的总长度，km，即所有调查截线长度之和；$f(0)$ 为垂直距离为 0 时，发现动物的累积概率密度函数值，%；$g(0)$ 为垂直距离为 0 时，调查者探测到目标物种的概率，%，假设在调查样线上一定能发现物种，

则 $g(0) = 1$。

（3）单位截线长度发现的动物群数：

$$D_P = P/L$$

式中，D_P 为单位截线长度发现的动物群数，群数/km，或群数/100 km；P 为发现的动物总群数；L 为截线长度。

（4）单位截线长度发现的动物个体数：

$$D_N = N/L$$

式中，D_N 为单位截线长度发现的动物个体数，ind/km，或 ind/100 km，ind=individuals；N 为发现的动物个体总数；L 为截线长度。

28.2.3　照相识别法

28.2.3.1　适用对象

适用于到水面活动且具有明显的、易于辨认的自然标记（如背鳍、尾鳍、体侧具有特殊的图案、色彩、形态）的物种。

28.2.3.2　操作方法

调查时可乘坐小艇，采用单船跟踪法或多船弧形跟踪、单船切入的方法接近目标物种。跟踪过程中要避免惊扰动物，使其保持自然状态。拍摄照片时，应降低船速，待靠近动物后再进行拍摄。拍摄对象与调查者间的距离在 100 m 以内的拍摄效果较佳。用于拍摄的数码相机像素最好大于 600 万像素；选用镜头焦距 300 mm 以上、具有图像稳定功能的远摄镜头。调整相机参数，准确对焦，以获得个体清晰、特征清晰的照片。分析照片中影像，依据个体的斑纹特征、形态特征识别动物。

28.2.3.3　估计物种多度

照相识别法可以结合"捕获-重捕（capture-recapture）法"来估计监测区域目标物种的多度。具体方法是根据动物个体身体上特殊的标志如动物受伤后留下的明显的疤痕、色斑等来识别个体，从拍摄的照片中判断被拍摄到（即"捕获"）的个体为新发现的个体或是之前已经发现过的个体，然后根据"重捕"率估算监测区域的物种个体数。

估算公式为：

$$N = n/p$$

式中，N 为物种个体数的估计值；n 为第一次"捕获"并"标记"的个体数；p 为"重捕"率，即被"标记"的个体在第二次采样得到的个体中的比例。

需要注意的是，捕获-重捕法在水生动物调查中受到很多限制。比如该方法假设所有动物个体被捕获的几率是相同的，但这个假设在现实调查中并不成立，因为通过拍照的方法只能"捕获"到浮到水面活动的动物个体。因此，在现在的研究调查中，捕获-重捕法较少用在种群数量调查方面，而更多地用于调查如种群的存活情况等其他的生态参数（Marques *et al.*, 2012）。

28.2.4　声学考察法

声学考察法是通过声学数据记录仪（或水听器）监听与采集水生哺乳动物发出的声信号，基于对目标物种声信号的了解，从采集的数据中检测与区分出目标物种发出的声信号的方法。利用声学考察法，可以调查了解目标物种在监测水域中的存在情况以及分布情况。且这种方法受天气影响较小，监测距离远，具有较高的正确监测率和较低的虚警率，可实现自动监测。但在利用声学考察法进行监测调查前，应对目标物种的声行为、声信号有充分了解，以开发出合适的检测分析方法。

28.2.4.1　适用对象

声学考察法适用于监测在水中能发射声信号的物种，如鲸类以及海豹、海狮等。尤其是对于那些难以直接观测到的种类，或难以捕获的，或危险的种类，声学考察法是很有效的调查方法。

28.2.4.2　声学数据记录仪安装方式

（1）将声学数据记录仪安置在考察船的两侧，并位于水面下 0.5～1.5 m。

（2）锚泊单个记录仪：使用单个记录仪进行声音记录是最简单、花费最少的方法。单个记录仪可以安装在锚泊记录系统（moored recording system）上，位于水面下 0.5 m，进行长期的定点调查记录。

（3）锚泊记录仪阵列：在监测点位上借助锚泊记录系统布设至少三个记录仪，最好是 4～10 个记录仪，组成记录仪阵列，同步记录声信号。根据各记录仪记录到的声音到达时间差以及记录仪所在位置，可估算出发声源距监测点的距离。

记录仪之间的距离要根据监测区域和监测对象的情况设置。研究认为，用这个方法可以较准确地估算与测量距监测点距离为记录仪彼此之间距离 4～10 倍的发声源的距离（Noad & Cato，2001）。同时，记录仪之间的距离也不能过远，应能保证所有的记录仪能同步记录到相同的声信号（Mellinger et al.，2007）。

（4）活动记录仪阵列：活动的记录仪阵列由一定数量（两个到数百个）的记录仪组成，安装在船后，由电缆与船相连，电缆长度为数十米到数千米。船移动时，拖动记录仪移动。

这个方法可以用于大致地估计发声源的方位。在船行驶过程中，如果同一个发声源（即动物个体）持续地发出声信号，则可以获得发声源更多的方位信息。如果发声源的位置变化小于船行驶产生的位置变化，则可以通过交叉定位的方法确定发声源的位置。

发声源的距离可以通过记录仪阵列中任意两个记录仪记录的声信号的到达时间差与接收时间差来估算。估算时，要求已知声音的传播速度（propagation），且发声源到两个记录仪的距离应有显著差别，即发声源到其中一个记录仪的距离要明显近于到另一个记录仪的距离。

28.2.4.3　声信号记录

不同水生哺乳动物发出的声信号的频率差异巨大，有的能发出次声波（<20 Hz），有的能发出超声波（>20 kHz），因此在监测中要根据目标物种的声信号特点选择监听频率范围合适的记录仪。如 0.1～110 Hz 的水听器可满足记录蓝鲸和长须鲸声信号的需要。

对声信号的采集可以是连续记录，也可以是按照设计的取样计划进行采集。如以每5 min 为一个记录周期，每个周期内的取样时间设为 3 min，即用记录仪记录每个周期头3 min 水下的声信号（van Parijs *et al.*，2002）。具体的采集策略可根据所使用的设备条件、监测工作持续的时间以及前期的调查结果进行设计。在对声信号的采集过程中，当记录仪接收到的声信号振幅超过阈值时，记录仪将记录下该脉冲信号，包括到达时间、强度、方向。

28.2.4.4　声信号分析

（1）人工分析法

操作者在分析时，除了直接听取声音录音外，还可借助声谱图进行分析。声谱图是将声信号数字化绘制而成，实现了声音的可视化。操作者基于工作经验以及对声音传播和环境噪声的性质和特点的了解，对数据中记录的动物的声信号进行判识。由于不同性别、不同年龄的动物在不同的季节其声行为（acoustic behavior）具有差异与不同的特点，因此要求调查者对动物的声行为有较深入的认识。为了识别不同的声音类型、有效地判识物种，操作者需要经过长期的专业培训和训练。人工分析方法虽然操作比较耗时，但对于那些我们了解较少的物种或较难发现的物种，采用人工分析的方法是十分必要的。

（2）自动分析法

自动分析法是借助专业软件进行声音的分析与检测，具有较好的重复性和客观性。分析软件基于一定的检测与分类算法，从背景噪声和干扰声音中检测并区分出目标物种的声音。选择算法的关键因素包括信号的声学结构（acoustic structure）、目标物种声音的变幅、背景噪声的性质、目标物种声音的检测与分类参数是否已经确定等（Marques *et al.*，2012）。常用的自动检测与分类软件包括 ISHMAEL（Mellinger，2001）、PAMGUARD（Gillespie *et al.*，2008）、XBAT（Figueroa，2011）等。

28.2.4.5　估计种群数量

记录仪记录的声信号数量与观测的动物群体的大小存在一定程度的相关关系，往往记录到的声信号数量越多，在调查点附近活动的动物群体可能也越大。但声信号数量与动物数量之间的具体关系对于不同的物种不尽相同，且同一种动物在其表现不同的行为时这种关系也可能具有差异。有时，一个个体会在短时间内快速地发出一系列声音，而另一些时候，可能只是偶然地发出一声。多个个体同时发出声信号的情况又不一样。因此，要建立声信号数量与动物数量之间的关系需要深入地了解目标物种的声行为。

29 潮间带生物

29.1 监测点布设

监测点应设置在人为影响小、底质相对均匀、潮带较完整的地段，并且选择具有代表性的生境，如岩岸、沙滩、泥沙滩、泥滩等多种海岸类型。在每一监测点通常设主、辅两条断面，走向与海岸垂直。若生境差异不大，可只设一条主断面。断面所在位置最好有明显的陆上标志。

每一断面分潮带布设采样点。应根据当地的潮汐水位参数或岸滩生物的垂直分布，将潮间带划分为高潮区（带）、中潮区（带）、低潮区（带）。高潮带布设 2 个采样点，中潮带 3 个采样点，低潮带 1～2 个采样点。

29.2 采样调查法

29.2.1 样品采集

硬相底质（岩石岸）生物取样，用 25 cm × 25 cm 的定量框取 2 个样方；在生物密集区，可用 10 cm × 10 cm 的定量框取样。每个采样点在同一水平高度上取 2 次样品。取样时，先将框内的易碎生物（如藤壶、牡蛎等）计数；观察记录优势种覆盖面积；用小铁铲、凿子或刮刀将框内的所有生物刮取净。两次样品可装入一个瓶中，也可以分装。

软相底质（泥滩、泥沙滩、沙滩）生物取样，用 25 cm × 25 cm × 30 cm 的定量框在同一水平高度上等距离取 4～8 个样方。取样时，将取样器挡板插入框架凹槽，观察记录框内表面可见的生物及其数量；然后用铁锨清除挡板外侧泥沙；拔去挡板，铲取框内样品，直到采不到生物为止。将样方提取的样品合并为一个样品。

对于栖息密度很低的底栖生物（如海星、海胆、海仙人掌等）或营穴居、跑动快的种类（如蟹类、弹涂鱼等）采用 25 m^2、30 m^2 或 100 m^2 的大面积进行现场观察，并采集其中的部分个体。

29.2.2 样品处理与保存

采集到的样品放入漩涡分选装置淘洗，也可采用过筛器直接淘洗。

标本洗净后，按类群、个体大小或软硬分别装瓶（袋），一般用体积分数 5%的中性甲醛固定液。但对于腔肠动物、纽形动物等受刺激易引起收缩或自切的种类，可先用水合氯醛或少许乌来糖进行麻醉后再固定。对于多毛类（如沙蚕科等），先用淡水麻醉再固定。藻类用体积分数 6%的中性甲醇溶液保存。海绵动物用体积分数 85%的乙醇保存。

29.2.3　标本鉴定与计数

优势种和主要类群的种类应鉴定到种。

在称重前或后计数各种生物的个体数。对于岩石岸采集的易碎生物（如牡蛎、藤壶等），应在调查时设置 25 cm ×25 cm 的定量框，现场记录定量框内的物种数量。对于栖息密度很低的底栖生物（如海星、海胆、海仙人掌等）或营穴居、跑动快的种类（如蟹类、弹涂鱼等），采用 25 m^2、30 m^2 或 100 m^2 的大面积计算个数或洞穴数。

29.2.4　称重

定量标本应固定 3 d 以上再进行称重。称重时，应先用吸水纸吸干体表固定液，去掉大型管栖多毛类的栖息管子、寄居蟹的寄居外壳、其他生物体体表的伪装物和其他附着物。称重软体动物和甲壳动物保留外壳（可分壳肉称量）。称量湿重，应注明甲醛湿重或酒精湿重。称量干重，标本可采取烘或晒的方式。必要时可考虑称取灰分重。

29.2.5　数据处理

对于栖息密度很低的底栖生物（如海星、海胆、海仙人掌等）或营穴居、跑动快的种类（如蟹类、弹涂鱼等）由于在调查时只采集了监测样方内的部分个体，因此生物量需通过平均值进行换算。计算公式为：

$$B = \frac{\frac{w}{n}N}{S}$$

式中，B 为生物量，g/m^2；w 为采集的样品称重得到的总重，g；n 为采集的个体数量；N 为调查现场计数的总个体数；S 为采样面积，m^2。

参考文献

[1]　饶俊，李玉. 大型真菌的野外调查方法. 生物学通报，2012，47（5）：2-6.

[2]　Villeneuve N，Grandtner M M，Fortin A J.　The study of macrogungal communities：defining adequate sampling units by means of cluster analysis. Vegetatio，1991，94：125-132.

[3]　Sghmit P J，Murphy J F，Mueller G M. Macrofungal diversity of a temperate oak forest：a test of species richness estimators. Canadian Journal of Botany，1999，77（7）：1014-1027.

[4]　马立安，陈启武，夏群香. 长江三峡大型真菌调查. 长江大学学报：自然科学版，2008，5（2）：54-57.

[5]　林晓民，李振岐，侯军，等. 大型真菌的生态类型. 西北农林科技大学学报：自然科学版，2005，

33（2）：89-94.

[6]　马衣拉·莫合买提，买买提·沙塔尔，阿不都拉·阿巴斯，等.新疆地衣研究现状与展望. 生物学杂志，2011，28（4）：69-73.

[7]　艾尼瓦尔·吐米尔，阿地力江·阿不都拉，阿不都拉·阿巴斯. 乌鲁木齐南部山区地生地衣群落分布格局. 生物多样性，2011，19（5）：574-580.

[8]　李苏，刘文耀，王立松，等.云南哀牢山原生林及次生林群落附生地衣物种多样性与分布. 生物多样性，2007，15（5）：445-455.

[9]　刘慧，其曼古丽·吐尔洪，热衣木·马木提，等. 地衣标本的采集、制作、鉴定及保存. 价值工程，2012（1）：297-298.

[10]　邓红，魏江春. 地衣标本的采集、制作与保存. 菌物研究，2007，5（1）：55-58.

[11]　艾尼瓦尔·吐米尔，阿地里江·阿不都拉，阿不都拉·阿巴斯. 天山森林生态系统树生地衣植物群落数量分类. 植物生态学报，2005，29（4）：615-622.

[12]　Nash T H III. Lichen biology. Cambridge：Cambridge University Press，1996：1-520.

[13]　McCune B，Rogers P C，Ruchty A，et al. Lichen communities for forest health monitoring in Colorado，USA：a report to the USDA Forest Service. Internal report to Interior West Region，USDA Forest Service，1998：1-30.

[14]　Hauck M，Jung R，Runge M. Relevance of element content of bark for the distribution of epiphytic lichens in a montane spruce forest affected by forest dieback. Environmental Pollution，2001，112：211-227.

[15]　Bates J W. Quantitative approaches in bryophyte ecology//Smith A J E. ed. Brypphyte ecology. New York：Campman and Hall，1982：1-44.

[16]　郭水良，曹同. 长白山地区森林生态系统树附生苔藓植物群落分布格局研究. 植物生态学报，2000，24（4）：442-450.

[17]　张元明，曹同，潘伯荣. 新疆三工河流域苔藓植物生活型分析. 西北植物学报，2002，22（2）：380-385.

[18]　李融，余成群，姜炎彬，等. 西藏河谷区人工牧草地的苔藓植物群落研究. 干旱地区农业研究，2010，28（5）：228-233.

[19]　刘俊华，包维楷，李芳兰. 青藏高原东部原始林下地表主要苔藓斑块特征及其影响因素. 生态环境，2005，14（5）：735-741.

[20]　Landres P B，Verner J，Thomas J W. Ecological uses of vertebrate indicator species：a critique. Conservation Biology，1988，2：316-328.

[21]　刘晓霞，张金环. 植物标本的采集、制作与保存. 陕西农业科学，2008，1：223-224.

[22]　DB43/T 432—2009　淡水生物资源调查技术规范.

[23]　Vollenweider R A. A manual on methods for measuring primary production in aquatic environments. IBP 12. Oxford：Blackwell Scientific Publication，1971.

[24] 尹秀玲，张凤娟. 几种特殊植物标本的采集与压制. 生物学杂志，1997，14（75）：37-38.

[25] 左涛，王荣. 海洋浮游动物生物量测定方法概述. 生态学杂志，2003，22（3）：79-83.

[26] 尹文英. 土壤动物学研究的回顾与展望. 生物学通报，2001，36（8）：1-3.

[27] 尹文英，等. 中国土壤动物. 北京：科学出版社，2000.

[28] 王立志，靳毓. 土壤动物多样性的研究方法. 安徽农业科学，2009，37（11）：5020，5062.

[29] 林恭华，杨传华，陈生云，等. 疏勒河上游冻土区大型土壤动物群落调查. 草业科学，2011，28（10）：1864-1868.

[30] 文礼章. 昆虫学研究方法与技术导论. 北京：科学出版社，2010.

[31] 喻国辉，陈建. 使用陷阱采样在蜘蛛生态学研究中的应用. 蛛形学报，2001，10（1）：52-56.

[32] Malaise R. A new inset-trap. Stockholm：Entomologisk Tidskrift，1937，58：148-60，figs.

[33] Gressitt J.L.，Gressitt M.K. An improved malaise trap. Pacific Insects，1962，4（1）：87-90.

[34] 陈锋，赵先富. 水库鱼类生态监测与评价方法初探. 海河大学学报，2010，38（增刊2）：406-409.

[35] GB/T 5147—2003 渔具分类、命名及代号.

[36] Pinkas E R. Ecology of the Agamid lizard Amphibolurus isolepis in western Australia. Copeia，1971，118：527-536.

[37] 谭细畅，陶江平，李新辉，等. 回声探测仪在我国内陆水体鱼类资源调查中的初步应用. 渔业现代化，2009，36（3）：60-64.

[38] 谭细畅，史建全，张宏，等. EY60回声探测仪在青海湖鱼类资源量评估中的应用. 湖泊科学，2009，21（6）：865-872.

[39] 陈刚，陈卫忠. 渔业资源评估中声学方法的应用. 上海水产大学学报，2003，12（1）：40-44.

[40] 张慧杰，危起伟，杨德国. 回声探测仪的发展趋势及渔业应用. 水利渔业，2008，28（1）：9-13.

[41] 孙明波，谷孝鸿，曾庆飞，等. 基于水声学方法的太湖鱼类空间分布和资源量评估. 湖泊科学，2013，25（1）：99-107.

[42] Misund OA. Underwater acoustics in marine fisheries and fisheries research. Reviews in Fish Biology and Fisheries，1997，7（1）：1-34.

[43] 周放，赖月梅，曹指南，等. 蛇类野外资源量调查方法：生境样方样带结合法. 广西科学，1996，3（4）：25-27.

[44] Bibby C J，Burgess N D，Hill D A. Bird Census Techniques. London：Academic Press，1992.

[45] Buckland S T，Anderson D R，Burnham K P，et al. Distance sampling – estimating abundance of biological populations. London：Chapman & Hall，1993.

[46] Dawson D K. A review of methods for estimating bird nembers//Taylor K，Fuller R J，Lock PC. Bird Census and Atlas Studies. British Trust for rnithology，Tring，1985：27-33.

[47] Verner J. Assessment of counting techniques. Current Ornithology. Vol.2，ed. By R.F. Johnson. New York：Plenum Press，1985：247-302.

[48] Haila Y，Jarvinen O，Koskimies P. Monitoring bird populations in varying environments. Annales

Zoologici Fennici，1990，26：149-330.

[49]　Reynolds R T，Scott J M，Nussbaum R A. A variable circular plot method for estimating bird numbers. Condor，1980，82：309-313.

[50]　Tasker M L，Hope Jones，Dixon T，et al. Counting seabirds at sea from ships：a review of methods employed and a suggestion for a standardized approach. Auk，1984，101：567-577.

[51]　Komdeur J，Bertelson J，Cracknell G. Manual for aeroplane and ship surveys of waterfowl and seabirds. IWRB Special Publication. No. 19. Slimbridge，UK，1992.

[52]　Walsh P M，Halley D J，Haris M P，et al. Seabird monitoring handbook for Britain and Ireland. JNCC，Peterborough，1995.

[53]　郑光美. 鸟类学. 2 版. 北京：北京师范大学出版社，2012.

[54]　许龙，张正旺，丁长青. 样线法在鸟类数量调查中的运用. 生态学杂志，2003，22（5）：127-130.

[55]　郑炜，葛晨，李忠秋，等. 鸟类种群密度调查和估算方法初探. 四川动物，2012，31（1）：84-88.

[56]　蔡音亭，干晓静，马志军. 鸟类调查的样线法和样点法比较：以崇明东滩春季盐沼鸟类调查为例. 生物多样性，2010，18（1）：44-49.

[57]　吴飞，杨晓君. 样点法在森林鸟类调查中的运用. 生态学杂志，2008，27（12）：2240-2244.

[58]　邹发生，陈桂珠. 雾网在森林鸟类群落研究中的应用. 应用生态学报，2003，14（9）：1557-1560.

[59]　王丁，张先锋，魏卓，等. 白鳍豚及长江江豚种群现状和保护研究进展//生物多样性保护与区域可持续发展——第四届全国生物多样性保护与持续利用研讨会论文集. 2000：180-187.

[60]　Marcos C. de O. Santos，Marta J. Cremer，Eduardo R. Secchi，et al. Report of the working group on population abundance and density estmation. LAJAM，2010，8（1-2）：39-45.

[61]　Jefferson T J. Population biology of the Indo-Pacific hump-backed dolphin in Hong Kong waters. Wildlife Monographs，2000，144：1-65.

[62]　赵修江，王丁. 截线抽样法在中国水域鲸豚考察中的应用及其局限性与改进建议. 兽类学报，2011，31（2）：179-184.

[63]　Buckland S T，Anderson D R，Burnham K P，et al. Introduction to distance sampling：estimating abundance of biological populations. Oxford：Oxford University Press，2001.

[64]　肖文，张先锋. 截线抽样法用于鄱阳湖江豚种群数量研究初报. 生物多样性，2000，8（1）：106-111.

[65]　赵修江，王丁. 长江八里江江段的江豚种群数量与分布. 长江流域资源与环境，2011，20（12）：1432-1439.

[66]　杨光，周开亚，徐信荣. 台湾海峡厦门—东山水域瓶鼻海豚的种群密度、分布和误捕研究. 生态学报，2000，20（6）：1002-1008.

[67]　王先艳，妙星，吴福星，等. 厦门至珠江口间沿岸海域中华白海豚分布的调查研究. 台湾海峡，2012，31（2）：225-230.

[68]　华元渝，董明琍，章贤，等. 跟踪拍照识别白暨豚的研究. 长江流域资源与环境，1994，3（4）：337-341.

[69] Wursig B，Wang D，Zhang X. Radia tracking finless porpoise Neophocaena phecaenoides：preliminary evaluation of a potential technique，with cautions. Occasional Papers of IUCN/SSC，2000，23：116-120.

[70] Slooten E，Dawson S M，Lad F. Survival rates of photographically identified Hector dolphins from 1984 to 1988. Marine Mammal Science，1992，8：327-343.

[71] Thompson P M，Wilson B，Grellier K，et al. Combining power analysis and population viability analysis to compare traditional and precautionary approaches to conservation and coastal cetaceans. Conservation Biology，2000，14：1253-1263.

[72] Jefferson T J. Population biology of the Indo-Pacific hump-backed dolphin in Hong Kong waters. Wildlife Monographs，2000，144，1-65.

[73] Durban J W，Parsons K M，Claridge D E，et al. Quantifying dolphin occupancy patterns. Marine Mammal Science，2000，16：825-828.

[74] Dawson S，Wade P，Slooten E，et al. Design and field methods for sighting surveys of cetaceans in coastal and riverine habitats. Mammal Review，2008，38（1）：19-49.

[75] Mazzoil M，Mcculloch S D，Defran R H，et al. Use of digital photography and analysis of dorsal fins for photo-identification of bottlenose dolphins. Aquatic Mammals，2004，30（2）：209-219.

[76] Elisabeth Slooten，Stephen M. Dawson，Frank Lad. Survival rates of photographically identified Hector's dolphins from 1984 to 1988. Marine Mammal Science，1992，8（4）：327-343.

[77] Van Parijs S M，Thompson P M，Hastie G D，et al. Modification and deployment of a sonobuoy for recording underwater vocalizations from marine mammals. Marine Mammal Scince，1998，14：310-315.

[78] Jefferson T A，Hung S K，Law L，et al. Distribution and abundance of finless porpoises in Hong Kong and adjacent waters of China. The Raffles Bulletin of Zoology，Supplement，2002，10：43-55.

[79] Akamatsu T，Wang D，Nakamura K，et al. Echolocation range of captive and free-ranging baiji（Lipotes vexillifer），finless porpoise（Neophocaena phocaenoides），and bottlenose dolphin（Tursiops truncates）. J. Acoust. Sco. Am，1998，104：2511-2516.

[80] Douglas Cato，Robert MaCauley，Tracey Rogers，Michael Noad. Passive acoustics for monitoring marine animals – progress and challenges. Procedings of ACOUSTICS，2006：453-460.

[81] Tiago A. Marques，Len Thomas，Stephen W. Martin，et al. Tyack. Biological Reviews. DOI：10.1111/brv.12001，2012.

[82] 王克雄，王丁，赤松友成. 水生哺乳动物信标跟踪记录技术及其应用. 水生生物学报，2005，29（1）：91-96.

[83] Kexiong Wang，Ding Wang，Tomonari Akamatsu，et al. A passive acoustic monitoring method applied to observation and group size estimation of finless porpoises. Joural of Acoustical Society of America. 2005，118（2）：1180-1185.

[84] Douglas Cato，Robert McCauley，Tracey Rogers，et al. Passive acoustics for monitoring marine

animals–progress and challenges. Proceedings of ACOUSTICS. 2006：453-460.

[85] Noad M J，Cato D H. A combined acoustic and visual survey of humpback whales off southeast Queensland. Memoirs of the Queensland Museum（spec.ial issue on humpback whales），2001，47：507-523.

[86] David K. Mellinger，Kathleen M. Stafford，Sue E. Moore，et al. An overview of fixed passive acoustic observation methods for Cetaceans. Oceanography，2007，20（4）：36-45.

[87] Van Parijis S M，Smith J，Corkeron P J. Using calls to estimate the abundance of inshore dolphins：a case study with Pacific humpback dolphins Sousa chinensis. J. Applied Ecology，2002，39：854-864.

[88] Tiago A. Marques，Len Thomas，Stephen W. Martin，et al. Estimating animal population density using passive acoustics. Biological Reviews. DOI：10.1111/brv.12001，2012.

[89] Mellinger D K. Ishmael 1.0 user's guide. Technical Report OAR-PMEL-120. NOAA/PMEL，Seattle，2001：30.

[90] Gillespie D，Gordon J，McHugh R，et al. PAMGUARD：semiautomated，open source software for real-time acoustic detection and localisation of cetaceans. Proceedings of the Institute of Acoustics，2008，30，9.

[91] Figueroa H. XBAT extensible bioacoustic tool. http：//xbat.org/documentation.html Accessed 27.2.2011.

第五篇　景观分类与制图技术

30　景观分类与制图的准备

30.1　遥感数据源

　　景观多样性监测的基本方法是借助遥感影像数据与景观分类结果，监测与分析景观尺度上发生的变化。为此，需要准备必要的基础数据与遥感影像数据，包括地形图、土地利用现状图、各种可能收集到的专题地图，以及原始遥感影像、参考影像等。

　　常用的遥感数据源如表 30-1 所示。

表 30-1　常见的遥感卫星

卫星名称	传感器	波段数	空间分辨率/m	重访周期/d	拥有者
Landsat	TM	7	30	16	美国
	ETM	8	30	16	
	MSS	3/4	80	18	
SPOT	HRV	4	10/20	26	法国
	HRVIR	5	10/20	26	
	HRG	5	2.5/5/10	26	
	HRS	1	5/10	26	
CBERS	CCD	5	19.5	26	中国、巴西
	IR-MSS	4	77.8/156	26	
	WFI	2	256	4～5	
NOAA	AVHRR	5	1 100	0.5	美国
EOS Terra/Aqua	MODIS	36	250/500/1 000	16	美国
IKONOS	CCD	5	1/4	2.9/1.5	美国
QuickBird	全色、多光谱	5	0.61/2.44	1～6	美国

30.2　遥感图像预处理

30.2.1　投影变换

投影是将不可展的地面点投影到可展面上的过程。投影方法有多样类型：按可展曲面类型，可以分为圆锥投影、圆柱投影、方位投影等；按变形类型，可以分为等距投影、等面积投影与等角投影；按球体与可展面的关系，可以分为切投影和割投影。不同的投影用于满足不同的需要。如制作疆域图要使用等面积投影，而制作交通图要使用等距投影。

实际应用中常常接触到不同投影的影像数据，但在处理多幅影像时，如果这些影像的投影不一致，则无法对影像做叠加处理，也不能进行拼接。因此需要进行图像投影变换，实现不同投影之间的转换，使所有影像具有相同的投影。

国内外常用的投影类型有高斯-克吕格投影、UTM 投影、兰勃特等角圆锥投影等。

30.2.2　几何校正

遥感影像的几何变形分为系统性和非系统性两类。由于传感器本身性能产生的系统误差由传感器模型进行校正，一般由卫星地面接收站完成处理；而由于搭载传感器的飞行器飞行姿态、高度、速度等因素造成的非系统性随机误差则需要利用地面控制点（ground control point，GCP）的方法进行几何精校正。

几何精校正的步骤如下：

（1）选取地面控制点

地面控制点可以通过 GPS 测量获得，也可以从已校正好的遥感影像、矢量数据以及地形图上选点来获取。地面控制点要均匀地分布在整幅影像内，在遥感影像上具有明显、清晰的点位标志，且控制点上的地物应不随时间发生变化。选取的地面控制点数量取决于使用的几何校正模型。

（2）建立校正模型

常用的校正模型有多项式模型、有理函数模型（RPC 模型）、共线方程等。

（3）影像重采样

原始图像的数据按校正模型重新排列后，输出图像的像元与原始图像的像元不是一一对应关系，需要根据原始图像对输出图像像元的灰度重新赋值，即重采样。常用的重采样方法有邻近插值法（Nearest Neighbor）、双线性内插法（Bilinear Interpolation）、立方卷积内插法（Cubic Convolution）。

30.2.3　图像增强

为了提高遥感影像的显示质量，使影像信息更容易识别，通常会进行图像增强处理。

　　图像增强的主要方法有：彩色增强处理，即将单波段的黑白遥感图像组合生成彩色图像，通过不同波段的合成显示以增强不同的地物；反差增强处理，即通过提高图像对比度，增强感兴趣的地物和周围其他地物之间的反差，使图像更清晰；滤波增强处理，即通过滤波技术增强图像的某些空间频率特征，分为空间域滤波和频率域滤波两种。

30.2.4　图像融合

　　图像融合是将多源遥感影像进行综合的图像处理技术。通过图像融合可以使不同来源的遥感影像数据中包含的优势信息和互补信息有机结合并产生新的影像数据，提高影像数据的清晰度、信息量与实用性。将不同时相的遥感影像数据进行融合，还有利于实现动态观测。

　　图像融合方法有四种主要类型：

　　（1）基于数学/统计学的图像融合方法，如加权平均、PCA 变换、高通滤波变换（HPF）等；

　　（2）基于图像的颜色空间的图像融合方法，如 IHS 变换、Brovey 变换等；

　　（3）基于多尺度多分辨率分析的图像融合方法，如金字塔变换、小波变换等；

　　（4）基于智能技术的图像融合方法，如基于模糊理论的融合方法、基于神经网络的融合方法等。

30.2.5　图像镶嵌与裁剪

　　为获得完整的监测区影像图像并除去监测区之外的冗余信息，需要对遥感图像进行镶嵌与裁剪。

　　图像镶嵌是当监测区超出单幅遥感图像所覆盖的范围时，将两幅或多幅图像拼接成一幅或一组覆盖全区的图像。在进行图像镶嵌时需要确定一幅参考影像以作为输出镶嵌图像的基准，决定镶嵌图像的地图投影、对比度匹配、像元大小和数据类型等。用于进行镶嵌的两幅或多幅图像尽可能具有相同或相近成像时间，使得图像的色调保持一致。图像镶嵌过程中另一个重要的问题是在待镶嵌的图像中选择出一条切割线作为两个图像之间的接边线，通常沿重叠区域的河流、道路等地物绘制切割线。通过切割线可以改变接边处的差异问题。但当接边色调相差太大时，可以利用直方图均衡、色彩平滑等进行色彩校正，使得接边尽量一致。但需要注意的是，当图像用于变化信息提取时，相邻影像的色调不允许平滑，以避免信息变异。

　　图像裁剪是将感兴趣区之外的区域去除。操作过程中，既可以利用矩形边界进行规则分幅裁剪，也可以按照监测区的边界，利用事先生成的一个闭合多边形区域进行不规则分幅裁剪。

30.3　野外调查

景观多样性监测的野外调查以景观生态学理论为指导，对景观类型及其特征进行调查。通过野外调查获得的信息，丰富对监测区域景观组成的认识，并建立地物特征与遥感影像解译特征之间的关系，服务后续的景观分类工作。

30.3.1　野外调查准备

到野外进行现场调查前，应收集监测区域的基本资料与有关研究成果、文献，对监测区的植被、土地利用、土壤类型、母质、地形等进行初步了解。

结合收集到的辅助资料充分分析监测区的遥感影像，大致掌握监测区内的景观类型及其分布情况，预先建立遥感影像和景观类型之间的初步关联。以此为基础，预设调查线路与调查样点。

调查线路的选择要体现景观的地域分异，尽量穿越不同特征的影像区域，以尽可能多地调查到不同的类型，全面地反映监测区的地貌、气候、植被覆盖以及人类活动的影响。为方便调查工作的进行，调查线路考虑交通方便与徒步可及。对于地形比较复杂的地区，除了以现有道路为主线，还需要选择若干徒步考察支线，以兼顾海拔高差大、植被覆盖类型多样、交通不便的地区。在线路调查过程中，可根据实际需要设置一定数量的样点/样方进行调查。

野外调查的基本材料和工具包括 GPS、数码相机、地形图（1∶5 万）、遥感影像资料（最好与地形图同比例尺）、罗盘、皮尺、记录表、铅笔等。

30.3.2　调查记录

调查过程中，应使用 GPS 准确定位观察点的位置，也可以同时在地形图上进行标记。

需要记录的信息主要包括：

（1）观测对象的特征，如建筑物类型与规模、森林类型与主要树种组成、农田中播种的作物种类等；

（2）现场的环境与生境条件，如土壤、坡度、坡向等；

（3）观测对象全景与典型地物的照片或 DV 短片；

（4）其他对于后期解译判读有用的信息，如林地、草地是否为人工种植等。

为方便野外工作时进行信息记录，应提前准备与编制好调查记录表格。记录表格示例如表 30-2 所示。

调查结束后，需及时将调查得到的信息与图片、影像等资料汇总，并进行编号、归类与存档。

表 30-2 野外调查记录表

观测点号	概况信息		地物		其他
			类型	特征	
1#	经度_____	地貌_____			
	纬度_____	土壤_____			
	海拔_____				
2#	经度_____	地貌_____			
	纬度_____	土壤_____			
	海拔_____				
3#	经度_____	地貌_____			
	纬度_____	土壤_____			
	海拔_____				
……	经度_____	地貌_____			
	纬度_____	土壤_____			
	海拔_____				

31 景观生态分类

31.1 景观生态分类基本步骤

景观生态分类的基本步骤为：

第一步，确定景观分类体系与分类方法；

第二步，景观类型划分；

第三步，分类结果验证；

第四步，分类结果修正。

31.2 景观分类体系

景观分类体系规定了景观分类的等级、类型和标准，是分类工作开展的先决条件。分类体系的建立要基于景观生态学原理，符合监测工作的目的与需求。

分类等级数根据研究尺度和工作需求确定。一般研究尺度越大，等级数越少。

分类类型的划分有不同的依据，如根据植被和土壤所反映出的景观的自然度进行划分（Westhoff, 1977），根据人类对景观的干扰程度进行分类（Forman & Godron, 1986），基于能量、物质流动以及信息传递的特点进行划分（Haveh, 1993），或者基于人类活动的影响程度以及人类活动的目的进行类型划分（FAO, 1996）等。

分类标准包括定性标准、定量标准，以及定性与定量相结合的标准。定性标准是指根据研究对象的特征属性，结合研究者的知识和经验建立的描述性的分类指标方法。定量标准是指利用数学方法建立的分类指标方法。

　　近年来，建立综合考虑景观功能与结构、自然地理因子、人类社会经济活动等多种因素的定性与定量相结合的分类体系是景观分类体系研究的发展趋势（梁发超和刘黎明，2011）。

专栏 31-1　欧洲景观制图（LANMAP）分类系统

　　"欧洲景观制图"（LANMAP）利用高分辨率的气候、海拔、母质和土地覆盖/土地利用数据为景观分类要素，建立了四级景观分类系统：第一级 8 个类型（气候要素），第二级 31 个类型（气候要素与地形要素叠加），第三级 76 个类型（在第二级上叠加母质要素），第四级 350 个类型（在第三级上叠加土地覆盖/土地利用要素）（Mücher *et al.*, 2010）。

序号	代码	类型	划分标准
第一层：基于气候划分			
1	K	北极圈	北极圈
2	B	北方（Boreal）地区	北方（Boreal）地区、温带落叶林（Nemoral）地区
3	A	大西洋地区	大西洋北部、大西洋中部、卢西塔尼亚地区
4	Z	阿尔卑斯山地区	阿尔卑斯山北部、阿尔卑斯山南部
5	M	地中海地区	地中海山区、地中海北部、地中海南部
6	C	欧洲大陆地区	欧洲大陆地区、潘诺尼亚地区
7	T	安纳托利亚地区	安纳托利亚地区
8	S	Steppic 地区	Steppic 地区
第二层：基于海拔划分			
1	l	低地	<0, 0~5, 5~10, 10~20, 20~50, 50~100
2	h	丘陵	100~200, 200~300, 300~500
3	m	山地	500~700, 700~900, 900~1 100, 1 100~1 500
4	n	高山	1 500~2 000, 2 000~2 500
5	a	极高山	2 500~3 000, 3 000~5 000
第三层：基于母质划分			
1	r	岩石	石灰岩、粉砂岩、结晶岩、混合岩、火山岩、其他岩石、硬质黏土、碎屑层
2	s	沉积物	河流冲积物、海洋冲积物、冰河沉积物、软质黏土、沙、软土
3	o	有机物	有机物
—	—	未分类	城市/水域/冰层

		第四层: 基于土地覆盖/土地利用划分	
1	af	人工地表	人工地表
2	al	耕地	耕地
3	pc	永久作物种植区	永久作物种植区
4	pa	牧草地	牧草地
5	ha	混合的农业用地	混合的农业用地
6	fo	森林	森林
7	sh	灌木与草本植被	灌木与草本植被
8	op	很少或没有植被的开阔地	很少或没有植被的开阔地
9	we	湿地	湿地
10	wa	水体	水体

专栏 31-2 我国环保部门土地生态分类系统

针对宏观生态监测、生态恢复与管理的需求,我国环保部门建立了基于遥感影像的三级土地生态分类系统(罗海江等,2006;王文杰等,2011)。一级分类根据生态系统的异质性划分 10 种类型;二级分类在一级分类的基础上细分出 31 种类型;三级分类根据区域特点,基于人类的开发利用和人类活动的影响再进行有针对性的具体划分。

一级类型		二级类型		含义
代码	名称	代码	名称	
1	城镇及工矿用地	—	—	指自然地表完全或绝大多数为人工建成环境所替代的土地
		11	乡村居民点	农村居民点所占用的土地及规模较小的乡镇企业和商业网点所占用的土地
		12	城市	连片城市建筑、市内交通及工业区等所占据的土地
		13	工矿/交通用地	城市外工矿企业或交通路网、机场及港口辅助设施所占据的土地
2	农田	—	—	直接用于从事农业生产,产品为粮食和纤维的土地
		21	水田	从事水稻生产的土地
		22	旱地	从事小麦、玉米、棉花、红薯等粮食与经济作物生产和蔬菜生产的土地
		23	休耕地(含退耕地)	至少两年时间以上未从事农业生产,且近期不会恢复农业生产的土地,包括撂荒地、休耕地、退耕地等
3	森林(地)	—	—	最高层建群种由乔木组成的连片林,树冠郁闭度不低于 20%
		31	落叶林(地)	落叶林占 2/3 以上,其他林不超过 1/3
		32	常绿林(地)	常绿林占 2/3 以上,其他林不超过 1/3
		33	混交林(地)	常绿林和落叶林都在 1/3~2/3,没有明显的优势群

一级类型		二级类型		含义
代码	名称	代码	名称	
4	灌木林（地）	—	—	由木本高位芽植物组成，高度一般在 5 m 以下，覆盖度在 30%以上的林地
		41	灌木林（地）	
5	人工种植林（地）	—	—	为经济目的或生态目的人工种植的连片林地
		51	果园（地）	用于生产干鲜水果的林地
		52	速生经济林（地）	由种植的速生经济用材林组成
		53	其他人工种植林（地）	其他用于防风的防护林、海防林，生产油料、工业原料、药材等林地
6	草地	—	—	
		61	高覆盖草地	覆盖度>50%的自然/半自然草地
		62	中覆盖草地	覆盖度在 20%～50%的自然/半自然草地
		63	低覆盖草地	覆盖度在 5%～20%的自然/半自然草地
7	人工种植草地	—	—	人工栽培的草地
		71	人工种植草地	
8	湿地	—	—	处于陆地生态系统和水生生态系统的转换区域，通常其地下水水位达到或接近地表，或处于长期或季节性被水淹没状态
		81	木本湿地	水生植物以木本植物为主
		82	草本湿地	水生植物以草本植物为主
		83	滩地	没有植被（或植被极为稀少）的河滩、海滩地
9	水体	—	—	包括天然河流、溪流和人工运河等流动水体和湖泊、水库、坑塘等相对静止水体，还包括永久积雪、冰川等固定水体
		91	河流	线形的流动水体
		92	湖泊/水库	天然形成的大片积水区或人工修建的规模较大的蓄水区
		93	坑塘	人工修建的规模比较小的蓄水区
		94	永久积雪/冰川	常年被冰川和积雪覆盖的区域
10	裸露以及难利用土地	—	—	地表植被覆盖低于 5%的裸露土地及目前难以利用的土地
		101	开矿/采石场	采矿、采石后的裸露土地
		102	沙地	地表为沙覆盖、植被覆盖度在 5%以下的土地，包括沙漠，不包括水系中的沙滩
		103	戈壁	地表以碎石为主、植被覆盖度在 5%以下的土地
		104	盐碱地	地表盐碱聚集、植被稀少，只能生长强耐盐碱植物的土地
		105	裸土地	地表土质覆盖、植被覆盖度在 5%以下的土地
		106	裸岩	地表覆盖为岩石或石砾，其覆盖面积大于 50%的土地
		107	其他	其他难以利用的土地，包括高寒荒漠、苔原等

31.3 景观分类方法

31.3.1 目视判读分类

31.3.1.1 基本方法与流程

目视判读分类是利用图像的影像特征（色调或色彩）和空间特征（形状、大小、阴影、纹理、图形、位置和布局）与多种非遥感信息资料相结合，通过建立解译标志判读影像，实现目视解译。

经过长期的发展，目视判读技术已经很成熟。主要的方法有：

（1）直接判定法

根据遥感影像目视判读直接标志，直接确定目标地物属性与范围。

（2）对比分析法

包括同类地物对比分析法、空间对比分析法和时相动态对比法。同类地物对比法是在同一景遥感影像图上，由已知地物推断出未知目标地物的方法。空间对比分析法是根据目标区域的特点，选择另外一个相似但较为熟悉的区域进行对比分析，从而了解目标地物的特征。时相动态对比法是对比分析同一地区不同时间成像的遥感影像，了解目标地物在不同时相上的特征并进行推断。

（3）信息复合法

将专题图或者地形图与遥感图像重叠，根据专题图或地形图提供的辅助信息，识别遥感图像上的目标地物。

（4）综合推理法

综合考虑遥感图像多种解译特征，结合生活常识，分析、推断某种目标地物。

（5）地理相关分析法

根据地理环境中各种地理要素之间的相互关系，借助专业知识，分析推断某种地理要素的性质、类型、状况与分布。

目视判读分类能达到较高的专题信息提取精度，尤其对于提取具有较强纹理结构特征的地物。但是传统的人工目视解译分类需要丰富的知识准备和积累，信息获取周期长，具有很强的主观性。由于采取人工判读，劳动强度大，效率较低，且定量化程度低，很难实现对海量遥感数据进行快速的信息提取。

目视判读分类的流程为：

（1）确立典型解译样区，建立目视解译标志。

（2）执行目视判读分类。

（3）野外验证。对于判读过程中出现的疑难点、难以判读的地方，通过野外验证过程进行补充判读。

（4）得到分类结果。

31.3.1.2 解译标志

解译标志是指在遥感影像上可以用于判别地物的影像特征，可以通过地物在影像上呈现的形状、尺寸、色调、阴影、图案、纹理、位置等以及组合信息进行识别。建立的解译标志应包括被识别地物的名称、影像图片以及识别特征的文字描述。以内蒙古乌兰察布市黄旗海流域 SPOT-5 卫星遥感影像（2.5 m 分辨率）为例，建立解译标志如表 31-1 所示。

表 31-1 内蒙古乌兰察布市黄旗海流域遥感景观解译标志

景观类型	类型描述	遥感影像	影像特征描述
有林地	指树木郁闭度≥0.2 的乔木林地		不规则斑块状，深红色或红色，色调均匀，纹理结构均一细腻
灌木林	指灌木覆盖度≥40%的林地		不规则斑块状，深红色，纹理结构粗糙，灌丛稀疏清晰可见
天然牧草地	指以天然草本植物为主，用于放牧或割草的草地		不规则斑块状，灰黑色，纹理较为粗糙
耕地	指种植农作物的土地，包括熟地、新开发、复垦、整理地（含轮歇地、轮作地）		几何特征明显、形状规则、边界清晰，灰色，色调均匀，纹理结构均一细腻

景观类型	类型描述	遥感影像	影像特征描述
河流水面	指天然形成或人工开挖河流常水位岸线之间的水面		几何特征明显、自然弯曲或局部平直，边界清晰，灰白色或白色，影像纹理均一
水库水面	指人工拦截汇集而成的总库容≥10万 m^3 的水库正常蓄水位岸线所围成的水面		几何特征明显、有人工塑造痕迹，面积大，色调呈蓝色，色调均一，纹理结构均一细腻
内陆滩涂	指河流、湖泊常水位至洪水位间的滩地；时令湖、河洪水位以下的滩地；水库、坑塘的正常蓄水位与洪水位之间的滩地		沿河流或湖岸呈带状分布，灰白色或白色，纹理比较均一
城市	指城市居民点，以及与城市连片的区政府、县级市政府所在地镇级辖区内的商服、住宅、工业、仓储、机关、学校等单位用地		几何特征明显，有明显的人工塑造痕迹，面积较大，色调呈蓝色，色调均匀，纹理粗糙
村庄	指农村居民点，以及所属的商服、住宅、工矿、工业、仓储、学校等用地		几何特征明显，有明显的人工塑造痕迹，面积较小，色调呈灰白色，纹理较为粗糙

景观类型	类型描述	遥感影像	影像特征描述
沼泽地	指经常积水或渍水，一般生长沼生、湿生植物的土地		沿河流或湖岸呈不规则形状分布，暗红色，影像纹理结构较为细腻
盐碱地	指表层盐碱聚集，生长天然耐盐植物的土地		沿河流或湖岸呈不规则形状分布，白色，影像纹理结构比较粗糙

31.3.2　监督分类

31.3.2.1　基本原理与流程

监督分类（supervised）是以建立统计识别函数为理论基础，依据典型样本训练方法进行分类的技术。即通过参考先验知识和辅助信息，在遥感图像上识别出一些已知其类别的样本像元，将这些样本构成训练样本，通过对训练样本的学习并提取样本的统计特征（如像素亮度均值、方差等），构建判别函数，然后完成分类。

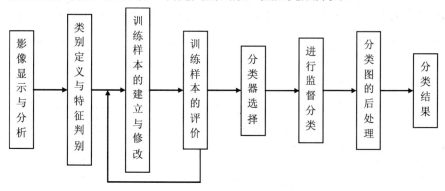

图 31-1　监督分类流程

监督分类的基本流程为：

（1）打开遥感影像，评价图像质量。

（2）根据分类目的、影像特征、分类区资料信息等确定分类系统。

（3）定义训练区，对每一类别选取一定数目的样本，建立分类模板。

（4）评价训练样本，对分类模板进行修改，多次反复后建立比较正确的分类模板。

（5）根据分类的复杂度、精度等需求，选择分类器。

（6）执行监督分类。

（7）分类后处理，包括更改类别的显示颜色、分类统计分析（如类别的像元数、最大值、最小值、平均值等）、小斑点处理（如剔除、重新分类等）、栅格数据与矢量数据的转换等。

（8）得到分类结果。

31.3.2.2 分类模板的建立

建立分类模板是监督分类过程中的关键问题。分类模板的精确性依赖于训练样本的精度，因此训练场的定义和训练样本的选取直接影响了分类结果的可靠性。

定义训练区要按照如下原则：① 典型类别、均匀区域；② 地物齐全；③ 像元数不少于100；④ 样本分布呈单峰。一类地物的训练区可选取一块以上。

训练样本要具有代表性；考虑到各种地物光谱辐射的复杂性和干扰因素的多样性，需要多考虑一些样本。通常情况下，要得到可靠的统计结果，每类型至少要选择10～100个训练样本。分类模板的建立是一个循环过程，通过评价训练样本，对分类模板进行多次反复修改，直到获得满意的分类结果。

需要注意的是：① 由于训练区和训练样本是人为选取的，因此不可能包括所有自然地物类别，分类后可能会产生一些无类可归的像元。对于这些像元，可以按最近距离原则划归到某个已知地类中，或可以将这些像元组成一个未知类。② 在某一个地区建立起来的判别函数只能适用于同一地区或地学条件相似的地区。

31.3.2.3 常用分类器

常用的监督分类器包括：最大似然法（Maximum Likelihood Classifier，MLC）、最小距离法（Nearest-Mean Classifier）、人工神经网络分类法（Artificial Neural Network，ANN）、模糊分类法（Fuzzy Classifier）等。

（1）最大似然法

最大似然法以贝叶斯（Bayes）准则为判别规则，假设训练样本数据在光谱空间的分布为高斯正态分布，作出样本的概率密度等值线，确定分类，然后通过计算像元属于各类型的条件概率，将像元归属到条件概率最大的一类中。

最大似然法具有清晰的参数解释能力且算法简单，结合先验知识，可以提高分类精度。但这种方法是建立在统计意义上的，所以当特征空间中类别的分布不服从正态分布，或者选取的样本不具有代表性时，运用最大似然法得到的分类结果往往会偏离实际情况。

（2）最小距离法

最小距离法利用训练样本数据计算出每一类型的均值向量和标准差向量，然后以均值向量作为该类型在特征空间中的中心位置，计算输入图像中每个像元到各类中心的距离（欧几里得距离或绝对距离等），到哪一类中心的距离最小，则该像元就归入到哪一类型。

最小距离法的分类精度取决于对已知地物类别的了解和训练统计的精度。但总体而言，这种方法计算简单，效果较好。

（3）人工神经网络分类法

人工神经网络分类法是一种具有人工智能的分类方法。人工神经网络由大量神经元相互连接构成网络结构，通过模拟人脑神经系统的结构和功能进行影像分类，具有一定的智能推理能力。

人工神经网络分类法不要求数据正态分布，具有非线性特征和较强的容错能力。其采取自学习、自适应、自组织的策略，能从环境中获取知识来调节网络参数，并改进自身性能，能获得更高精度的分类结果。

近年来常用的神经网络分类模型有 BP 神经网络、Kohonen 神经网络、径向基神经网络、模糊神经网络、小波神经网络等。

（4）模糊分类法

模糊分类法认为像元是可分的，即一个像元在某种程度上属于某一类，同时在另一种程度上属于另一类。这种类属关系的程度可以用像元隶属度表示。确定像元隶属度函数是模糊分类法的关键。常用方法中，可以采用最大似然分类法来确定像元的隶属度，也可以利用神经元网络所具有的良好学习归纳机制、抗差能力和易于扩展成为动态系统等特点，设计一个基于神经元网络技术的模糊分类法来实现。模糊分类方法在分析混合像元上具有优势，可以有效地提高分类精度。

31.3.2.4　使用 ENVI 进行监督分类的操作

（1）选择和优化训练样本

① 提取训练样本

ENVI: Basic Tools >> Region Of Interest >> ROI Tool 调出感兴趣区工具窗口进行样本选择。

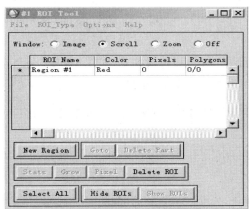

图 31-2　ROI Tool 窗口

提取训练样本的具体操作如下：

a. 确定 ROI 的提取类型（*ROI Tool：ROI_Type*）和待操作窗口（主图像窗口、滚动窗口或缩放窗口）。

b. 在图像窗口上画出感兴趣区，单击鼠标右键确定选择形状，再次单击右键确定此训练区。ROI Tool 窗口中将会显示选择区域的颜色和相关信息。

c. 某类训练区的选择完成后，点击 ROI Tool 窗口的 New Region 控键，再进行另一类训练样本的选择。重复上述操作完成所有训练区的选择。

② 训练样本的优化和提纯

ROI Tool：File＞＞Export ROIs to n-D Visualizer ＞＞ n-D Controls；*n-D Visualizer* 调用 N 维可视化分析器（N- Dimensional Visualizer）对选择的训练区像元进行提纯。

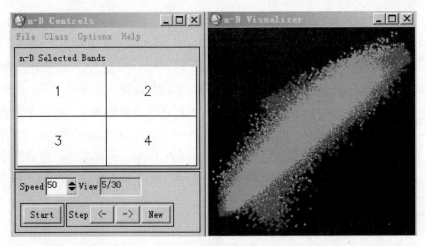

图 31-3　n-D Controls 窗口与 n-D Visualizer 窗口

具体操作如下：

a. 在 n-D Visualizer 窗口中用鼠标选择某类训练区的纯像元并点击*鼠标右键确定*（可进行多次选择），再次*单击右键＞＞Export Class*，提纯后的训练区将出现在 ROI Tool 窗口中。

b. 进行下一个类型训练区的提纯时，在 n-D Visualizer 窗口中*单击右键＞＞New Class*，重复上述操作，完成所有训练区的提纯。

c. 训练区的保存：*ROI Tool：File＞＞Save ROIs…*

（2）选择分类方式

ENVI 中提供的分类方式包括最大似然法（Maximum Likelihood Classification）、波谱角分类以及二进制编码法等。以最大似然法进行分类为例，其操作为：

ENVI：Classification＞＞supervised＞＞Maximum likelihood ＞＞ Classification Input File 选择分类的图像＞＞ Maximum likelihood Parameters

在 Maximum Likelihood Parameters 对话框中设置一般分类参数，在"Set Probability Threshold"文本框里，键入一个阈值（0~1）。选项参数被用来控制像元准确分类的可能性。如果像元的可能性低于所有类的阈值，则它被归为"无类别"，在此，我们一般选择默认值。

点击 OK 完成该操作。

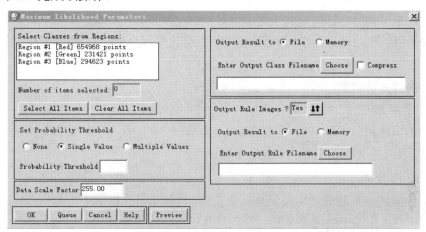

图 31-4　Maximum Likelihood Parameters 对话框

31.3.3　非监督分类

31.3.3.1　基本原理与流程

非监督分类（unsupervised）是在没有先验类别（训练场地）作为样本的条件下由计算机对图像进行聚类统计分析的方法。即事先不知道类别特征，主要根据像元间相似度进行归类合并，当各类之间的相关系数小于某一给定的阈值时，完成聚类。非监督分类的结果实现了对不同类别的区分，但其本身并不确定各类别的属性。类别属性需要通过目视判读或实地调查后进行定义。

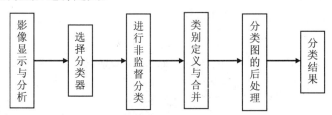

图 31-5　非监督分类流程

非监督分类的基本流程为：

（1）打开遥感影像，大体上判断主要地物类别与数量。

（2）选择非监督分类器。

（3）设置相关参数，执行非监督分类。需要设置的参数包括：初始聚类类别数（一般为最终分类类别数的 2～3 倍）、最大循环次数（防止分类过程无限地执行下去）、循环收敛阈值（达到该阈值后分类过程停止）等。

（4）通过目视或其他方式识别分类结果，定义类别；纠正明显的错误分类；把属于同一类别的进行合并。

（5）分类后处理，包括更改类别的显示颜色、分类统计分析（如类别的像元数、最大值、最小值、平均值等）、小斑点处理（如剔除、重新分类等）、栅格数据与矢量数据的转换等。

（6）得到分类结果。

31.3.3.2　常用分类器

常用的非监督分类器包括：K-均值算法（K-Means）、迭代自组织数据分析法（Iterative Self-Organize Data Analysis，ISODATA）等。

（1）K-均值算法

K-均值算法是目前最常用的聚类算法之一。该算法首先选取 k 个数据点作为初始聚类中心，将输入图像中的每个像元划分到与其距离最近的类簇中，形成 k 个聚类的初始分布；然后对分配完的每一个类簇重新计算新的簇中心，继续进行数据分配过程，如此迭代多次，直到簇中心不再发生变化为止。

K-均值算法分类结果受到初始聚类中心选择的影响。初始聚类中心选择不当容易导致聚类结果与实际情况出现较大差异。常用的确定初始聚类中心的方法有 Forgy 法、最大最小（MaxMin）法、Macqueen 法、Kaufman 法等。

（2）迭代自组织数据分析法

迭代自组织数据分析法与 K-均值法相似，聚类中心都是通过样本均值的迭代运算来决定，但迭代自组织法具有自组织性，能够在两次迭代之间对上一次迭代结果进行统计分析，并根据统计参数分析结果自动进行类的"取消"、"分裂"与"合并"，从而得到更为合理的聚类结果。

31.3.3.3　使用 ENVI 进行非监督分类的操作

ENVI 中提供 K-Mean 和 ISODATA 两种非监督分类方法。

ENVI：＞＞Classification＞＞unsupervised＞＞K-Means（或 *IsoData*）

图 31-6　Classification 菜单

（1）K-Means

参数设置说明：在 K-Means Parameters 对话框中，输入 Number of Classes（分类数）5，Chang Threshold（像元变化的阈值）5.00，Maximum Iteration（最大迭代数）10，Min（最少分类数）8、Max（最大分类数）15，点击 OK 完成分类。

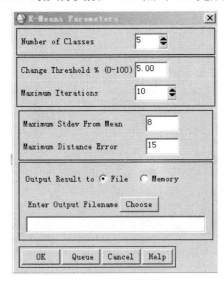

图 31-7　K-Means Parameters 对话框

（2）ISODATA

参数设置说明：在 ISODATA Parameters 对话框中，输入 Number of Classes（分类数），Min（最少分类数）5、Max（最大分类数）10，Maximum Iteration（最大迭代数）1，Change Threshold（像元变化的阈值）5.00，Minimum ＃Pixel in Class（每类中的最小像元数）1，Maximum Class Stdv（最大标准差）1.00，Minimum Class Distance（最小类间距）5.00，Maximum ＃Merge Pairs（最大合并数）2 等 8 个基本参数（根据实际图像和先验知识更改参数的设置），点击 OK 完成分类。

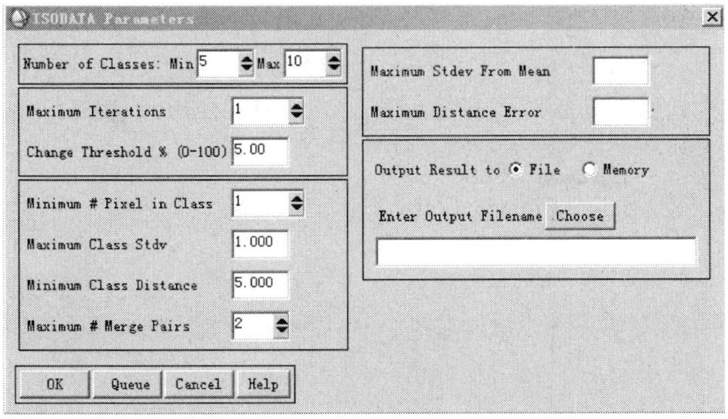

图 31-8　ISODATA Parameters 对话框

31.4 景观分类结果验证

误差矩阵（Error Matrix）方法是最常用的精度评价方法。误差矩阵通过将每个地表真实像元的位置（参考点）和分类图像中对应的位置（分类点）及类型相比较计算得到。一般误差矩阵中的行代表分类点，列代表参考点，对角线上的数值代表分类结果与真实情况相一致的样点个数。

表 31-2　误差矩阵

		分类数据类型					总和
		1	2	3	...	r	
真实数据类型	1	x_{11}	x_{12}	x_{13}	...	x_{1r}	x_{1+}
	2	x_{21}	x_{22}	x_{23}	...	x_{2r}	x_{2+}
	3	x_{31}	x_{32}	x_{33}	...	x_{3r}	x_{3+}
	...	...	...	...	...	...	...
	r	x_{r1}	x_{r2}	x_{3}	...	x_{rr}	x_{r+}
总和		x_{+1}	x_{+2}	x_{+3}	...	x_{+r}	N

真实参考源有两种获取方式：① 标准的分类图；② 选择的感兴趣区（验证样本区）。感兴趣区的选择可以是在高分辨率影像上选择，也可以是在野外实地调查中获取。而其中用于分析的具体的参考点应采取随机选择的方式。

从误差矩阵可以计算多种精度评价指标。如：

（1）总体分类精度

总体分类精度（Overall accuracy）为正确分类的像元数与总的采样像元数的比值。计算公式为：

$$总体分类精度 = \frac{\sum_{i=1}^{r} x_{ii}}{N} \times 100\%$$

式中，x_{ii} 为第 i 类正确分类的像元数，即误差矩阵中第 i 行第 i 列（主对角线）上的值；r 为类型数，即误差矩阵的行数或列数；N 为采样像元总数。

（2）Kappa 系数

Kappa 系数（Kappa coefficient）的计算公式为：

$$\hat{K} = \frac{N\sum_{i=1}^{r} x_{ii} - \sum_{i=1}^{r}(x_{i+}x_{+i})}{N^2 - \sum_{i=1}^{r}(x_{i+}x_{+i})}$$

式中，$\hat{K}$ 为 Kappa 系数；x_{i+} 为第 i 类的分类像元总数，即误差矩阵中第 i 行的值之和；x_{+i} 为第 i 类的参考像元总数，即误差矩阵中第 i 列的值之和。

Kappa 值取值范围为 $-1 \sim 1$。当观测精度小于期望精度时，Kappa 值为负；当观测精度大于期望精度时，Kappa 值为正。Kappa 值越大，精度越好。Kappa 值为 1 时，说明分类结果与真实情况完全一致。

表 31-3　Kappa 统计值与分类精度对应关系

Kappa 统计值	分类精度
1.0	完全一致
0.75≤Kappa＜1.0	较好
0.4≤Kappa＜0.75	一般
＜0.4	较差

（3）错分误差

错分误差（Commission）是指被分到某一类用户感兴趣类型，但实际上应属于另一类型的像元。计算公式为：

$$错分误差 = \frac{x_{i+} - x_{ii}}{x_{i+}} \times 100\%$$

（4）漏分误差

漏分误差（Omission）是指属于地表真实分类，但没有被分类器分到相应类别中的像元。计算公式为：

$$漏分误差 = \frac{x_{+i} - x_{ii}}{x_{+i}} \times 100\%$$

（5）制图精度

制图精度（Prod. accuracy）是指分类器将影像的像元正确分为某一类的像元数与该类的参考像元总数的比率。计算公式为：

$$制图精度 = \frac{x_{ii}}{x_{+i}} \times 100\%$$

（6）用户精度

用户精度（User accuracy）是指分类器将影像的像元正确分为某一类的像元数与该类的分类像元总数的比率。计算公式为：

$$用户精度 = \frac{x_{ii}}{x_{i+}} \times 100\%$$

32 景观生态制图

32.1 景观生态制图的类型与方法

景观生态制图在景观生态研究与监测工作中是不可或缺的重要工具。利用专题图客观、概括地反映自然景观生态类型在空间上的分布与面积比例关系，是景观生态制图的主要作用。

景观生态图包括多种类型。按制图对象可以分为森林景观生态图、湿地景观生态图、农业景观生态图等；按制图比例尺分为大比例尺景观图（比例尺＞1∶10 万）、中比例尺景观图（比例尺在 1∶10 万～1∶100 万之间）、小比例尺景观图（比例尺＜1∶100 万）。

景观生态制图的方法主要有两种：① 通过遥感解译与分类成图；② 利用已有的专题图（如植被图、地貌图、土壤图、土地利用图等），经过分析、综合与再处理成图。

32.2 制图要素

地图一般由三类要素构成：

（1）地理要素

地理要素是指地图的内容，为地图构成要素的主体部分。对于景观类型图而言，包括景观类型图斑以及作为辅助的一些底图要素，如主要河流、道路、居民点、行政区边界等。

（2）数学要素

数学要素用于确定地理要素的空间关系位置和几何精度，包括地图投影、经纬网、比例尺等。

（3）辅助要素

辅助要素包括图名、图号、图例、插图、图表、说明文字以及其他补充说明要素等，用于方便读图与使用。

32.3 要素的分类与分级

地图中地理要素内容丰富，为使这些内容得到充分的表达并反映出其中的规律性与差异性，需要对要素进行分类与分级。分类体现了要素的类型属性；分级反映要素的数量特征或主次关系。分类与分级要基于科学的分类原则，并根据地图的用途和制图比例尺建立合适的制图分类分级体系。

对景观生态制图而言，其基本图件是景观生态类型图，基本制图单元是以景观生态类型各级别的分类单元或分类单元之间的组合为基础的。在分类时，应根据景观生态学原理建立景观分类体系，并根据制图比例尺进行调整。比例尺越大，表示的内容越详细，景观分类越细；比例尺越小，表示的内容越概括、越综合，分类越粗。在进行景观类型的归并时，应以空间形态以及生态属性为依据，如地貌、水文、植被等。

32.4　制图的基本过程

利用计算机进行数字地图制图，可以实现快速、精确的高质量专题图编制。计算机制图以传统的地图制图原理为基础，采用计算机数据库技术和图形数字处理方法，实现地图信息的获取、识别、存储、变换、更新、处理、显示和绘图输出功能。当前 GIS 技术发展迅速，许多专业处理软件如 ArcGIS、MAPGIS 等都提供了强大的制图功能。

计算机制图过程主要包括四个环节：

（1）地图设计

根据地图/专题图的使用目的和用途，拟定地图/专题图编制计划。包括：确定制图区域和制图资料；确定地图投影与比例尺；明确地图内容及其表示方法；对图面进行设计，包括图名、图例、坐标网、附图、文字说明等；规定制图的技术要求，如使用的符号、色彩、字体等。

为使制作的地图美观、清晰，在设计时要注意图形的视觉重心和视觉平衡，合理配置图形要素的位置和色彩，处理好图形和背景之间的关系，突出主题信息。

（2）数据输入

用于制图的基础数据来源广泛，包括现有的地图或专题图、外业观测结果、遥感影像数据、文本资料等。将这些数据转换成 GIS 可以接收的数据形式。进行数据输入的方法通常有三种：① 矢量跟踪数字化，主要输入有关图形点、线、多边形位置坐标等；② 光栅扫描数字化，主要输入有关图像或网格图数据；③ 键盘输入，主要输入有关的统计数据与属性信息。

（3）信息处理

空间信息输入后，需要对其进行编辑与处理，修正数据输入中的错误，维护数据的完整性与一致性，并在数据库控制下，实现数据的检索、更新、重构、提取、变换等。经过处理后的制图数据可用于图形输出。

（4）图形输出

按照地图设计制作出的图形首先在计算机屏幕上显示，并在正式输出前进行检查与调整。输出的图形可根据要求保存在不同的介质上，如磁盘、图纸等。

参考文献

[1]　刘新贵，孙群，吕晓华，等.栅格地图投影变换关键技术的研究. 测绘通报，2009，2：28-30.

[2]　段福洲，朱琳，高立. 遥感像片中多投影变换的实现与优化. 中国图像图形学报，2005，10（5）：

608-610.

[3]   王学平. 遥感图像几何校正原理及效果分析. 计算机应用与软件, 2008, 25（9）: 102-105.

[4]   张伟, 曹广超. 浅析遥感图像的几何校正原理及方法. 价值工程, 2011, 2: 189-190.

[5]   邓书斌. ENVI 遥感图像处理方法. 北京: 科学出版社, 2011.

[6]   张冰, 林岚岚, 腾鹏飞. 浅谈遥感图像增强的处理. 防护林科技, 2006, 2: 68-69.

[7]   齐小玲, 吴健平. 多源遥感影像融合及其关键技术探讨. 现代测绘, 2003, 26（3）: 20-22.

[8]   朱翔, 吴学灿, 张星梓. 遥感判读的野外植被调查方法. 云南大学学报: 自然科学版, 2001, 23
       （植物学专辑）: 88-92.

[9]   梁发超, 刘黎明. 景观分类的研究进展与发展趋势. 应用生态学报, 2011, 22（6）: 1632-1638.

[10] Mücher CA, Klijn JA, Wascher DW, et al. A new European landscape classification（LANMAP）:
       A transparent, flexible and user-oriented methodology to distinguish landscapes. Ecological Indicators.
       2010, 10（1）: 87-103.

[11] Forman R, Godron M. Landscape Ecology. New York, USA: John wiley & sons Inc. 1986.

[12] Naveh Z, Lieberman A S. Landscape Ecology: Theory and Application（2nd edition）.New York:
       Springer-Verlag, 1993.

[13] Westhoff V. Botanical aspects of nature conservation in densely populated countries//A. Miyawaki & R.
       Tüxen（eds.）, Vegetation Science and Environmental Protection, pp. 369-374, Maruzen, Tokyo,
       1977.

[14] 罗海江, 白海玲, 王文杰, 等.面向生态监测与管理的国家级土地生态分类方案研究. 中国环境监
       测, 2006, 22（5）: 57-60.

[15] 王文杰, 蒋卫国, 王维, 等. 环境遥感监测与应用. 北京: 中国环境科学出版社, 2011.

[16] 贾坤, 李强子, 田亦陈, 等. 遥感影像分类方法研究进展. 光谱学与光谱分析, 2011, 31（10）:
       2618-2623.

[17] 王圆圆, 李京. 遥感影像土地利用/覆盖分类方法研究综述. 遥感信息, 2004, 1: 53-59.

[18] 赵春霞, 钱乐祥. 遥感影像监督分类与非监督分类的比较. 河南大学学报: 自然科学版, 2004,
       34（3）: 90-93.

[19] 周庆, 李峰, 张海涛, 等. 监督分类技术在高分辨率卫星影像中的应用. 北京林业大学学报, 2003,
       25（特刊）: 43-45.

[20] 巢宁佳. 遥感影像监督分类. 江西测绘, 2007, 70（4）: 63-64.

[21] 包健, 厉小润.K 均值算法实现遥感图像的非监督分类. 机电工程, 2008, 25（3）: 77-80.

[22] 钟燕飞, 张良培. 遥感影响 K 均值聚类中的初始化方法. 系统工程与电子技术, 2010, 32（9）:
       2009-2014.

[23] 曾江源.ISODATA 算法的原理与实现. 科技广场, 2009, 7: 126-127.

第六篇　遗传多样性分析技术

33　表型性状多样性分析方法

表型多样性是表征遗传多样性的重要方面之一，表型多样性研究多以形态学标记为主要手段。形态标记主要观测鉴定生物肉眼可见的外部特征，或借助简单测试即可获得的特性如色素、生理特性、抗病虫性等（冯夏莲等，2006；张艳丽等，2011），这些特性是基因组与所处环境相互作用的结果，是生物在特定生态环境中的遗传表征。形态特征标记遗传变异，简单易行，直观易变。

33.1　调查方法

表型性状分析通常是指对生长性状的研究，在植物中通常也以形态表征表型性状。其中叶形态是一个重要的表型特征，其与植物的营养和其他生理、生态因子，以及植物的繁殖密切相关。种子和球果性状的表型变异也是研究植物种群的一个重要组成部分，球果形态往往是较稳定的遗传特征，在植物分类和遗传上具有重要的价值。采用遗传上较为稳定、不易受环境影响的性状研究表型多样性，可以揭示群体的遗传规律，变异大小。

测量方法：

叶长（L）：以采集的叶片为观测对象，用直尺测量叶片基部至叶片顶端的长度，取平均值。单位为 cm，精确到 0.01 cm。

叶宽（W）：以采集的叶片为观测对象，用直尺测量叶片最宽部位的宽度，取平均值。单位为 cm，精确到 0.01 cm。

叶柄长（LP）：以采集的叶片为观测对象，用直尺测量叶基部到连接莲干的柄状部分长度，取平均值。单位为 cm，精确到 0.01 cm。

叶面积（S）：以采集的叶片为观测对象，用叶面积仪测量叶片的面积（不包括叶柄），取平均值。单位为 cm^2，精确到 $0.000\ 1\ cm^2$。

叶形指数（*LW*）：以采集的叶片为观测对象，计算每个叶片叶长与叶宽的比值，取平均值。精确到 0.001。

叶片数：取生长状况适中的株丛，三株作为对象统计，求其平均值。

果实纵径（*LL*）：以采集的果样为观测对象，用游标卡尺测量果梗至果顶的直径，取平均值。精确到 0.02 cm。

果实横径（*LT*）：以采集的果样为观测对象，用游标卡尺测量果实横向的最大直径，取平均值。精确到 0.02 cm。

果形指数（*LLT*）：以采集的果样为观测对象，计算每果果实纵径与果实横径的比值，取平均值。精确到 0.001。

鲜果重（*WF*）：以采集的果样为观测对象，去除果梗，用精度 0.000 1 g 的电子天平称量鲜果实重。精确到 0.000 1 g。

种子长（*SL*）：用游标卡尺测量种子的纵向最长长度，取平均值。精确到 0.02 cm。

种子宽（*SW*）：用游标卡尺测量种子的横向最长长度，取平均值。精确到 0.02 cm。

种子长/种子宽（*SLW*）：计算每个种子的长与宽的比值，取平均值。精确到 0.001。

种子重（*HSW*）：用精度 0.000 1 g 的电子天平称量百粒种子的重量。精确到 0.000 1 g。

着花数：取 3～5 植株测量，取均值。

花径：用直尺测量侧萼片间的宽度，测量 3～5 朵，取均值。

花梗粗：用游标卡尺测量花序下部第一节花梗，测量 3～5 株，取均值。

花梗长：用游标卡尺测量至花序至顶端小花柄基部的长度。

发芽率和发芽势：用 RXZ 型智能气候箱进行发芽实验。取群体混合种子，用 5‰ 的高锰酸钾溶液对种子消毒 40～50 min，冲洗干净后用 50～60℃ 的温水浸泡 12 h，数取 50 粒种子放在培养皿中，置于人工气候箱，温度 25℃，每群体重复四次，每天记录发芽数，最后计算出发芽率 *GR* 和发芽势 *GV*，取平均值。

33.2　数据分析

对各群体不同单株的各性状值依照巢式设计的方差分析法进行分析，用 SPSS 软件进行相关聚类分析，用 SAS 软件进行表型分化系数等的计算。计算每个性状的平均值、极值、标准差和变异数，并根据总体平均数和标准差将总体资源分组，每 0.5 个标准差为 1 组，每组的相对频率用于计算多样性指数。

34　染色体研究分析技术

染色体支配遗传和变异并控制发育，它是基因的载体，其本身的结构和行为受基因调控，是基因定位与基因图谱研究的基础工作。遗传学中通过研究染色体的数目、结构和行为的变异来分析生物遗传多样性。

通过染色体的变异分析遗传多样性，多以植物为主。植物材料经过适当的取材处理、固定、离析、染色、压片等步骤，可获得清晰的植物细胞有丝分裂染色体动态变化的装片，再经染色后，染色体可清楚地显示出很多条深浅、宽窄不同的染色带。各染色体上染色带的数目、部位、宽窄、深浅相对稳定，为鉴别染色体的形态提供依据。核型分析是在对有丝分裂中期染色体进行测量、计算的基础上，进行配对，按一定原则编号（从大到小）、分组、排列，并进行形态分析的过程。

34.1　植物染色体的常规制片技术

从 Belling 提出染色体压片技术后，压片已成为植物染色体研究中最广泛采用的常规技术。主要步骤包括：为积累中期分裂相而进行的前处理；细胞壁酶解或原生质体的分离；低渗处理；类似动物染色体技术中采用的滴片或涂片；空气干燥等。实验证明，植物染色体制片中的去壁低渗技术可以显著提高染色体的分散程度和平整性。

操作步骤：

（1）取材：取新生的根尖 1～2 cm。

（2）预处理：使用浓度 0.002 mol/L 8-羟基喹啉，在 8℃ 条件下处理 12 h，然后用蒸馏水冲洗 3～4 次。

（3）固定：采用卡诺固定液（无水乙醇∶冰醋酸=3∶1）4℃ 处理 12 h，放入 75%酒精 2 min，用蒸馏水洗 3 次，然后用蒸馏水浸泡 10 min。

（4）解离：用 1 mol/L 盐酸在 60℃ 条件下处理 12 min，蒸馏水冲洗 3～4 次，动作要缓慢。

（5）染色：取根尖生长点用改良苯酚品红染色 10 min，大拇指压片，后用镊子柄垂直敲打盖玻片，使细胞分散。

（6）观察并记录：染色体标本玻片干燥后，先用低倍镜找分裂细胞区，在分裂细胞区内寻找典型分裂相细胞。当找到含有红色条状物质的细胞轮廓图像后，再用高倍镜观察染色体，把染色体数目齐全、分散度高、重叠很少的图像，记录其染色体数目、坐标及图像。

34.2　植物染色体的分带技术

染色体分带是 20 世纪 70 年代兴起的细胞学技术，通过对染色体进行物理、化学处理，并进行染色，使染色体显示出特定带纹，从而增加识别染色体的标志。此技术在植物的核型分析、亲缘关系或远缘杂种鉴定中具有重要作用。染色体分带技术可分为两大类：一类是产生的染色带分布在整个染色体和长度上，如 Q、G 和 R 带；另一类是局部性的显带，它只能使少数特定的带或结构染色，如 C、T 和 N 带等。

34.2.1 植物染色体 C-带显带技术

C 带技术是应用最广泛的技术，它主要显示着丝粒、端粒，核仁组成区域或染色体臂上某些部位的组成异染色质而产生相应的着丝粒带、端粒带，核仁组成区带，中间带等，这些带可以在一条染色体上同时出现，也可以只有其中的一条或几条带。

34.2.1.1 实验材料

经 C-分带技术处理得到的样品染色体的图片。

34.2.1.2 实验设备与耗材

显微镜、测微尺、毫米尺、镊子、剪刀、绘图纸、圆规、铅笔等。

34.2.1.3 操作步骤

（1）选取良好的有丝分裂中期的 C-带图片。

（2）染色体 C-带位置：

① 着丝粒 C-带：指着丝粒本身及其相邻部分的 C-带纹。

② 端部 C-带：指染色体末端区域的 C-带纹。

③ 居间 C-带：在着丝粒 C-带和端部 C-带之间范围内的 C-带纹。

（3）观察每对同源染色体上相对应的 C-带是否纯合，即在某一特定位置相配对的两条染色体是否都具有带纹，带纹大小、染色程度是否一致。

（4）观察各染色体 C-带带纹的着色程度，可以四级表示法：特强——染色极深；强——染色较深；中——染色程度中等；弱——染色极淡。

（5）根据以上 C-带各项统计结果，描述各染色体的 C-带特征，并据此绘制出样品染色体 C-带带型示意图。

34.2.2 植物染色体 Giemsa 分带技术

G 带（Giemsa 带）显示染色粒，G 带分布于染色体的全部长度上，以深浅相间的横纹形式出现。也有人认为 G 带显示的是染色体本身固有的结构，G 带能清楚地反映染色体的纵向分化，能提供较多的鉴别标志，是分带技术中最有价值的一种。

34.2.2.1 实验设备与耗材

培养箱、恒温水浴锅，分析天平、小台秤（200 g）、量筒（10 mL、50 mL、100 mL、1 000 mL）、烧杯（200 mL）、容量瓶（1 000 mL）、棕色试剂瓶（200 mL）、滴瓶、染色缸、载玻片、盖玻片、显微镜、显微照相及冲洗放大设备、剪刀、镊子、刀片、滤纸、玻璃板、牙签、切片盒。

34.2.2.2 实验药品与试剂

Giemsa 母液、磷酸缓冲液、氯化钠、柠檬酸钠、甲醇、乙醇、冰醋酸、氢氧化钡、对二氯苯（秋水仙素）、α-溴萘、纤维素酶、胰蛋白酶、醋酸洋红、45%醋酸等。

34.2.2.3 操作步骤

（1）发根：将实验材料在室温下 25～27℃发根，待根长到 0.5～1.5 cm 时，转入 6～8℃低温下处理 20～40 h。

（2）预处理：切取根尖分生组织 0.2 mm，用新配制的饱和α-溴萘 28℃下预处理 3 h。

（3）低渗：用 0.075 mol/L KCl 室温下处理 30 min。

（4）固定：用新配制的甲醇-冰醋酸（3∶1）固定液在室温下固定 30 min。

（5）水洗：固定后的根尖用蒸馏水洗 30 min。

（6）酶解：用 2%纤维素酶和 2%果胶酶混合溶液（1∶1）室温下处理 3.5 h。

（7）固定：倒掉酶液，再加入固定液置冰箱 4℃中过夜。

（8）制片：取固定后的根尖置于洁净的载片上，加上固定液用镊子捣碎，涂布。并轻轻吹气，促使细胞迅速分散，然后在酒精灯上 2～3 次烤片。最后将制好的片在 90℃的烘箱中烘烤 50 min。

（9）G 带处理：将干燥的片子放入 60℃ 2×SSC（pH 7.35）盐液中处理 40 min，水洗后随即用 0.066 mol/L 的磷酸缓冲液稀释到 40∶1～50∶1 的 Gimesa 染色 40 min。染色后的片子用蒸馏水淋洗，直到染色液去掉，并与室温下干燥。

34.3 染色体的银染技术

最早的银染核仁成形区的方法是 Goodpasture 和 Bloom（1975）提出的 Ag-As 技术。应用这种技术可以将人类、哺乳动物、两栖类、植物等的核仁形成区（NOR）特异性地染为黑色。其原理可能是因为转录的 rDNA 部分有丰富的酸性蛋白，它们具有 S－H 键和 S－S 键，容易将 Ag^+ 还原为 Ag 的颗粒，从而在活性的核仁形成区镀上银，并使之呈现为黑色。这种银染色阳性的 NOR 称为 Ag-NOR。

34.3.1 实验材料

染色体制片不经染色留用的标本片。

34.3.2 实验设备与耗材

显微镜、冰箱、恒温水浴锅、温度计、大培养皿、烧杯、吸管、滴瓶、切片架、切片盒、镊子。

34.3.3 实验药品与试剂

硝酸银、明胶、甲酸、擦镜纸。

34.3.4 操作步骤

（1）将培养皿置于 65～70℃水浴中，同时用烧杯预热蒸馏水。

（2）将标本片平放在预热的培养皿垫枕上，用50%硝酸银溶液与2%明胶溶液以2：1混匀后，立刻滴加到染色体制片上，加盖片。

（3）待反应液由无色透明变黄，直至棕褐色后（2～4 min），立即取出载玻片，用预热的蒸馏水彻底冲洗，晾干后镜检。染色适度的片子，染色体为金黄色，NORS为黑色。

34.3.5　注意事项

（1）用于Ag-NOR染色的染色体标本，以一周以内的制片为好，同时片内要求有众多的分裂相。

（2）银染用的两种反应液最好现用现配，一时用不完，于棕色试剂瓶中4℃保存，10 d内用完。

（3）配制和使用硝酸银溶液时要格外小心，不要滴洒在地上、桌上及手上等处。

（4）在明胶中添加甲酸（2 g明胶＋99 mL蒸馏水＋1 mL甲酸）可促进反应过程。

34.4　染色体核型分析

核型是指染色体组在有丝分裂中期的表型。包括染色体的数目、大小和形态的总和。不同的生物，其核型是不同的。核型分析是在对有丝分裂中期染色体进行测量、计算的基础上，进行配对，按一定原则编号（从大到小）、分组、排列，并进行形态分析的过程。核型分析可以为细胞遗传分类、物种间亲缘的关系以及染色体数目和结构变异的研究提供重要依据。

34.4.1　实验材料

放大的样品根尖染色体照片。

34.4.2　实验设备与耗材

普通生物显微镜、数码摄影显微镜、培养箱、恒温水浴锅；载玻片、盖玻片、镊子、不锈钢剪刀、单面刀片、磨口三角瓶、移液管、棕色试剂瓶、凹型孔白瓷板、玻璃板、烧杯、天平、电炉、染色缸、扩大镜、游标卡尺、滤纸片、玻片标签纸、小台秤（200 g）、滴瓶、滤纸、牙签、切片盒等。

34.4.3　实验药品与试剂

8-羟基喹啉、秋水仙素、KCl、甲醇、冰乙酸、对二氯苯、α-溴萘、NaCl、KH_2PO_4、Na_2HPO_4、甘油、HCl、$CaCl_2$、醋酸、洋红、45%醋酸、卡宝品红等试剂。

34.4.4　操作步骤

（1）取根尖→秋水仙素预处理（增加中期分裂相）→固定→解离→水洗后染色压片

→观察：选染色体形态好、分散好且完整的细胞进行显微摄影→冲洗胶卷→放大成照片。

（2）对照片上分散的染色体随机编号，打一草表，测量、记录每条染色体的长臂、短臂、臂比、全长和相对长度。

相对长度=每条染色体的长度/单倍染色体组长度（2N 总长度/2×100）

（3）配对：根据测定的每条染色体的相对长度和臂比，将大小和形态相近的两条染色体配对成一对同源染色体。

（4）分类和排序：染色体的分类根据 Levan（1964）的分类标准，根据臂比大小不同分成 m、sm、st、t 四类。根据相对长度的大小，将配对后的染色体从大到小编号排序。

35　等位酶分析技术

等位酶是有机体等位基因转录和翻译的直接产物。通过等位酶分析可以了解天然居群的遗传结构、基因丰富程度及栽培作物种质资源的遗传多样性，已被广泛地用于生物学各分支领域的大分子水平遗传学研究。等位酶标记是一个共显性标记（codominance），从酶谱上可以直接确定编码该等位酶的等位基因。其所揭示的酶蛋白质的多态性可以看作是对整个基因组的随机取样，从而对种群的遗传学结构做出估计，测量种群的遗传多样性。

等位酶技术的基本原理就是根据电荷性质的差异，通过蛋白质电泳或色谱技术和组织化学染色显示出等位酶的不同形式，从而推断假定酶基因位点的所有等位基因的存在。因为蛋白质是 DNA 编码的产物，所以使用等位酶技术的一个最基本的根据是，酶在电场里移动性的改变反映了编码 DNA 顺序上的改变，酶谱类型是遗传的；另外，大多数酶的不同形式都是等显性的，即 1 个基因位点上的 2 个或多个等位基因都是能表达的，由它们所编码的多肽链形成的酶蛋白质在凝胶上作为酶基因的表现型都能显示出色带来，从而能被人们看见。

等位酶分析的基本方法是：首先利用提取缓冲液将各种有功能的可溶性酶蛋白质从细胞中提取出来，然后进行电泳分离，待电泳结束后进行染色。

35.1　酶液的提取

进行等位酶分析要保证酶提取出来以后活性基本不变，通常使用的提取缓冲液有简单磷酸提取缓冲液、复杂磷酸提取缓冲液、Tris-马来酸提取缓冲液和 Tris-HCl 提取缓冲液四种。在提取不同物种的等位酶时，应针对具体的实验材料确定合适的提取缓冲液（王中仁，1994）。

35.1.1　实验设备与耗材

电泳槽天平（0.001 g）、pH 计、搅拌器、冰箱、培养皿（120 mm）、瓷比色盘、三角瓶（50 mL）、试管（12 mm 或 14 mm）、台式高速离心机、移液器、容量瓶、烧杯、洗瓶。

35.1.2　实验药品与试剂

Tris-HCl 提取缓冲液（1 L）的配制：

（1）药品：乙二胺四乙酸四钠 0.001 mol/L，氯化钾 0.01 mol/L，氯化镁 0.01 mol/L，4%～20%（w/v）聚乙烯基吡咯烷酮（PVP），1.25 g 蔗糖，25.00 mL 0.1 mol/L Tris-HCl 缓冲液（pH 7.5）。

（2）配制方法：把 PVP 放入溶液搅拌溶解，或者水合过夜，放入冰箱保存。使用前按 1%～2%（v/v）加入 β-巯基乙醇。PVP 和 β-巯基乙醇的用量可以根据提取效果进行调整。

35.1.3　操作步骤

（1）样品采集

采集幼嫩的叶片进行实验，幼嫩组织的酶活性一般最高。每个种居群需要取 30～50 个体，尽量包括天然居群的所有等位基因，并反映其基因频率。

（2）研磨提取

对样品材料进行研磨，使其成为组织匀浆，使得酶从细胞和细胞器的膜中释放出来。"试管—陶瓷比色盘"研磨法是较常用的研磨方法。其操作为：

①陶瓷比色盘、玻璃试管预先在冰箱中冷却。

②选取 1 g 左右的植物幼嫩叶片放入预冷的陶瓷比色盘，每隔一个坑放入一份样品，分别加入 3～5 mL 提取液，迅速用预冷的玻璃试管进行研磨，磨成匀浆。

③匀浆用两层纱布过滤，利用台式高速离心机在 0～4℃，4 000 r/min 的参数下，冷冻离心 20 min，得到的上清液即为酶的粗提液。

35.2　酶电泳

常用的酶电泳方法主要有四种，分别为：淀粉凝胶电泳（starch gel electrophoresis，SGE）、聚丙烯酰胺凝胶电泳（polyacrylamide gel electrophoresis，PAGE）、醋酸纤维素凝胶电泳（cellulose acetate gel electrophoresis，CAGE）及琼脂糖凝胶电泳（agarose gel electrophoresis，AGE）。其中，淀粉凝胶和聚丙烯酰胺凝胶的孔径比较适合于分离蛋白质和小分子核酸。

35.2.1　淀粉凝胶电泳技术

淀粉凝胶电泳是区带电泳技术的一个重要方面，通常用于血浆蛋白质、酶或经过酶解的分子较小的蛋白质样品组分的分离和分析。其优点在于省略了淀粉部分水解的步骤，通过直接在普通的马铃薯淀粉中掺入适当量的可活性淀粉来控制淀粉凝胶孔径的大小，操作简便，电泳分辨效果比较显著。

35.2.1.1 凝胶及缓冲液等的制备

（1）缓冲液

①TED 缓冲液（pH 8.6）：称取 Tris（N-三羟甲基氨基甲烷）6 g，EDTA（乙二胺四乙酸）0.6 g，硼酸 0.45 g，用蒸馏水溶解并定容至 1 000 mL；

②硼酸-氢氧化钠缓冲液（pH 8.6）：称取硼酸 7.1 g，氢氧化钠 4.8 g，加蒸馏水定容至 2 000 mL。

（2）染色液

①联苯胺染色液：先取醋酸钠 13.6 g（或 NaAc 8.2 g），冰醋酸 11.5 mL，加蒸馏水配成 500 mL 醋酸盐缓冲液，再取联苯胺 0.5 g，先用少量甲醇溶解，然后加入到所配的 500 mL 醋酸盐缓冲液中，置棕色瓶放冰箱保存；

②氨基黑 10B 染色液：称取 1 g 氨基黑 10B，溶于 500 mL 甲醇-冰醋酸-水（体积比为 5∶5）的混合液中。

（3）甲醇-冰醋酸脱色液

取甲醇 100 mL，冰醋酸 40 mL，蒸馏水 100 mL 混合而成。

（4）混合淀粉凝胶

在 250 mL 圆底烧瓶中加入 14 g 马铃薯淀粉，5 g 可溶性淀粉和 100 mL TEB 缓冲液，调匀后将烧瓶置沸水浴中加热，用长柄铁夹夹住烧瓶颈部并不停地旋摇，加热约 5 min 后溶液即呈黏稠浆糊状，继续加热直到胶液变稀，并出现大量细小的气泡时，塞上带有玻璃导管的瓶塞，与抽气泵接通，减压抽去气泡。随即趁热将胶液倒入 15 cm×7 cm×0.5 cm 的制胶模内，使混合淀粉凝胶液高出横框，置室温下冷却凝固、并连同制胶模一起放在垫有湿纱布的有盖搪瓷盘内备用。

35.2.1.2 加样

先用细金属丝将凸出棋框的混合淀粉凝胶刮去，用一块 7 cm 宽的刀片在距凝胶板一端约 5 cm 处垂直切下，形成一条加样线。将 1 cm×0.4 cm 的小滤纸牌片沾取待测的蛋白质溶液，每一样品用一片小滤纸片蘸取，并用滤纸吸除小滤纸片上多余的样品液，然后用镊子把小滤纸片插入凝胶的加样缝内。插入时，小滤纸片间的距离以及至侧边的距离皆为 1 cm，小滤纸片 0.4 cm 宽的一边必须同加样缝垂直，否则小滤纸片高出凝胶面将影响电泳分离效果。小滤纸片插入后将凝胶的加样缝合拢。

35.2.1.3 电泳

在水平电泳槽内加入硼酸·氢氧化钠缓冲液（pH 8.6），使两极液面大致相等。将加过样的混合淀粉凝胶连同制胶模架在电泳槽上，胶面向上，两端以三层纱布作盐桥，胶面上层盖一张透明玻璃纸或塑料薄膜（16 cm×8 cm），以防水分蒸发。凝胶近加样的一端接负极，另一端接正极。稳压 200 V，电泳 4～5 h。

35.2.1.4 染色

电泳结束后取出凝胶。凝胶沿加样缝断裂，将大的一块凝胶（从加样缝到正极端的大面积凝胶）平放入 12 cm×7 cm×0.25 cm 的制胶模内，凝胶便高出框 0.25 cm。用细金属丝水平切开凸出部分，凝胶便横剖成两半。将一半置于装有氨基黑 10B 染色液的器皿内，染色 1.5～2 h；另一半置于装有联苯胺染色液的器皿内，并用滴管滴入数滴 30% 过氯化氢，1 min 后即可看见明显的样品分离区带。

35.2.1.5 脱色

（1）联苯胺染色的凝胶用自来水洗数次。染色后的凝胶保存于自来水中；

（2）氨基黑 10B 染色的凝胶移入一器皿内，先用蒸馏水漂洗几次，然后加入甲醇-冰醋酸脱色液，浸没凝胶，进行扩散脱色。经常更换脱色液，直至凝胶无蛋白区带的背景底色浅白为止。

35.2.2 聚丙烯酰胺凝胶电泳技术

聚丙烯酰胺凝胶电泳（polyacrylamide gel electrophoresis，PAGE）是根据蛋白质亚基分子量的不同来分开蛋白质。该技术最初由 Shapiro 于 1967 年建立，他们发现在样品介质和丙烯酰胺凝胶中加入离子去污剂和强还原剂后，蛋白质亚基的电泳迁移率主要取决于亚基分子量的大小（可以忽略电荷因素）。聚丙烯酰胺凝胶分辨率较高，在多倍体材料或多聚体酶的复杂带谱分析时多应用此方法。

35.2.2.1 凝胶及缓冲液的配制

最常用的是系统 I（所谓 Davis 的标准状态）。各种贮存液配制后，盛于棕色瓶中，贮冰箱备用。用时需测 pH，以检查是否失效。TEMED 要密封贮藏。过硫酸铵溶液最好现用现配，不宜超过一周。

表 35-1　几种常用的聚丙烯酰胺凝胶系统

系统 I (pH 8.9) (7.2%)			系统 II (pH 7.5) (7.5%)			系统III (pH 4.3) (15%)			系统IV (pH 2.9) (7.5%)		
溶液号	组分/100 mL	pH	溶液号	组分/100 mL	pH	溶液号	组分/100 mL	pH	溶液号	组分/100 mL	pH
1	1 mol/L HCl 48.0 mL Tris 36.3g TEMED 0.46 mL	8.9	15	1 mol/L HCl 48.0 mL Tris 6.85g TEMED 0.46 mL	7.5	17	1 mol/L KOH 48.0 mL 醋酸 17.2 mL TEMED 4.0mL	4.3	20	1 mol/L KOH 12.0 mL 醋酸 25 mL TEMED 1.15 mL	2.9
2a	丙烯酰胺 28.0 g 双丙烯酰胺 0.735 g	8	2	丙烯酰胺 30.0g 双丙烯酰胺 0.8 g	6	8	丙烯酰胺 60.0 g 双丙烯酰胺 0.4 g		21	过硫酸铵 2.8 g	
3	过硫酸铵 0.14 g		16	1 mol/L H₃PO₄ 39.0 mL Tris 4.95 g TEMED 0.46 mL	5.5	18	过硫酸铵 0.28 g		22	1 mol/L KOH 48.0 mL 醋酸 2.95 mL	5.9

系统I (pH 8.9)(7.2%)			系统II (pH 7.5)(7.5%)			系统III (pH 4.3)(15%)			系统IV (pH 2.9)(7.5%)		
溶液号	组分/100 mL	pH	溶液号	组分/100 mL	pH	溶液号	组分/100 mL	pH	溶液号	组分/100 mL	pH
4a	1 mol/LHCl 48 mL Tris 5.98 g TEMED 0.46 mL	6.7				19	1 mol/L KOH 48.0 mL 醋酸 2.87 mL TEMED 0.46 mL	6.7			
5	丙烯酰胺 10.0 g 双丙烯酰胺 2.5 g	6.7									
6	核黄素 4.0 mg										
7	蔗糖 40.0 g										
电极缓冲液: Tris 6.0 g 甘氨酸 28.8 g 加水至 1 L 使用: 10%稀释液		8.3	电极缓冲液: 二乙基巴比妥 5.82 g Tris 1.0 g 加水至 1 L		7.0	电极缓冲液: β-丙氨酸 32.2 g 醋酸 8.0 g 加水至 1 L 使用: 10%稀释液		4.5	电极缓冲液: 甘氨酸 28.1 g 醋酸 3.06 mL 加水至 1 L 使用: 10%稀释液		4.0
电极: 上槽接负极⊖ 下槽接正极⊕			电极: 上槽接负极⊖ 下槽接正极⊕			电极: 上槽接正极⊕ 下槽接负极⊖			电极: 上槽接正极⊕ 下槽接负极⊖		
各溶液混合比			各溶液混合比			各溶液混合比			各溶液混合比		
浓缩胶	分离胶		浓缩胶	分离胶		浓缩胶	分离胶		浓缩胶	分离胶	
1份4a号 2份5号 1份6号 4份7号	1份1号 2份2a号 1份水 4份3号		1份16号 2份5号 1份6号 4份7号	1份15号 2份2号 1份水 4份3号		1份19号 2份5号 1份6号 4份7号	1份17号 2份8号 1份水 4份18号		1份22号 2份5号 1份6号 4份7号	4份20号 2份2号 2份21号	

35.2.2.2　凝胶的制备

配制凝胶前，应先准备好电泳玻管。操作方法为：取洗净干燥的玻璃管，将玻璃管的一端用附有玻璃珠或玻璃短柱的乳胶管封口，然后将封好口的玻管放于试管架上待用。底部平坦的玻管也可用橡皮膏布封口，或可用封底胶（1%琼脂）封口。

配制凝胶时，先将所需的贮备液自冰箱中取出，放至室温下预温。聚丙烯酰胺凝胶通常只制备 2 种胶。先制备分离胶，再在分离胶上面制备浓缩胶。

（1）分离胶的制备

按表 35-1 比例混合贮存液（先不与过硫酸铵混合），并放在真空干燥器中抽气，排除溶液中空气。抽气后在贮存液中加入过硫酸铵混匀。用带长针头的注射器吸取一定量的胶液，沿玻璃管壁将胶液慢慢注入玻璃管中。各支玻管注入的胶液量要相同，或按事先做好的标记，注胶到相同的高度。注胶时应小心缓慢，务必避免产生气泡。然后在凝胶表面再慢慢地加入一层蒸馏水，3～5 mm 高度，以消除凝胶的弯月面，使凝胶表面平整，并隔绝空气中氧与胶液接触。加水要小心，切勿冲乱界面。水层放好后，静置 30 min，待凝胶进行化学聚合反应。聚合的最适温度为 25℃。当水刚加入胶面时，水与凝胶间形成一界面，之后界面慢慢消失。当界面再次出现时表明凝胶已经聚合。再静置 20～30 min，聚合完成。

（2）浓缩胶的制备

分离胶聚合后，用注射器小心吸去水层，并用滤纸条吸去残余的水。按表 35-1 中比例混合浓缩胶液（也预先抽气，抽气时不要与核黄素混合，使用时再混匀）。先用这种凝胶液漂洗一下分离胶顶。除去漂洗液后，用带长针头的注射器向玻璃管中加入高度约 1 cm 的浓缩胶溶液，并在胶面上加水层压平胶面。用日光灯（20W 以上）照射 60 min，进行光聚合反应。当浓缩胶由浅黄色变为不透明的乳白色时，聚合完成。用注射器吸去水层，吸干后用电极缓冲液洗涤，准备加样。浓缩胶应现制现用。

35.2.2.3 加样

加样前，去除玻管下口的密封物。如果是拔乳胶管，应先略微拉开乳胶管使空气进入，再拔去管子，防止拉坏凝胶。在电泳槽的下槽中放满缓冲液，把玻管固定在盘状电泳槽上槽的洞中。安装时要特别注意保证凝胶管垂直和橡胶塞孔密封不漏。管的下端悬一滴电极缓冲液，再把上槽放在下槽上，避免管下有气泡。然后加样。

加样时，应先提高样品的密度，然后再进行加样。常见的做法是在样品中混合适量的蔗糖溶液以及指示剂。指示剂一般使用溴酚蓝或酚红。

35.2.2.4 电泳

在电泳槽中加入预冷的电极缓冲液，上槽电极缓冲液应浸没玻管和电极。连接直流稳压电源。缓冲液为碱性时，上槽为负极，下槽为正极；缓冲为酸性时则相反。接通电源，调节电流，开始时用 1～2 mA/管，电泳 3～5 min 后，再逐渐升高到 4 mA/管。电流最好不要超过 5 mA/管。太高的电流强度会造成产热量大，使分离失败。如温度太高影响样品则可适当降低电流，延长电泳时间，或冷却电泳槽。在整个电泳过程中，电流应保持稳定。电泳时间一般根据指示剂的迁移来决定，指示剂迁移至管长的 3/4 时，停止电泳，关闭电源，取出玻管。

35.2.2.5 剥胶

电泳完毕应立即取出凝胶柱进行固定与染色。剥胶时一般用带长针头的注射器吸满水，将针头插入凝胶与管壁之间，紧贴管壁向玻管中注水，同时慢慢旋转玻管使针头呈螺旋式推进。靠水流压力和润滑力使玻管内壁与凝胶分开。待水从玻管另一端流出时慢慢将针头抽出，胶即自动滑出。如果胶未滑出，可从玻管另一端再注水或用洗耳球在一端稍加压力，将胶压出玻管。如果胶浓度较高，取出困难，可用 10%甘油水溶液代替水注入。一般地，剥胶的方向是从浓缩胶端开始，并注意不要损伤胶柱表面。

35.2.2.6 固定、染色与脱色

为防止凝胶柱内已分离的成分扩散，电泳后剥出的凝胶柱应浸泡在固定液中进行固定，然后进行染色与脱色。

常用的固定、染色与脱色方法见表 35-2。

表 35-2　常用的蛋白质固定、染色与脱色法

方法	固定液	染料	染色时间	脱色
氨基黑 10B	甲醇 7%乙酸	0.1 mol/L 氢氧化钠中 1%氨基黑 7%乙酸中 0.5%～1%氨基黑	5 min（室温） 2 h（室温）/ 10 min（96℃）	5%乙醇 7%乙酸
考马斯亮蓝　R250	20%磺基水杨酸 10%三氯乙酸 样品中含尿素的 在 5%三氯乙酸中 固定	0.25% R250 水溶液 10%　三氯乙酸-1% R250 19∶1（V/V） 5%磺基水杨酸和 1% R250 19∶1（V/V）	5 min（室温） 0.5 h（室温） 1 h（室温）	7%乙酸 10%三氯乙酸 90%甲酸
考马斯亮蓝　G250	6%乙酸 12.5%三氯乙酸	6%乙酸中 1% G250 12.5%三氯乙酸中 0.1%　G250	10 min（室温） 30 min（室温）	甲醇-水-浓氨 64∶36∶1
1-苯胺基-8-萘磺酸	2 mol/L 盐酸 浸几秒种	pH 6.8，0.1 mol/L 磷酸盐缓冲 液中 0.003%染料	3 min	
Ponceau 3R	12.5%三氯乙酸	0.1 mol/L NaOH 中 1% 3R	2 min（室温）	5%乙醇
固绿	7%乙酸	7%乙酸中 1%固绿	2 h（5℃）	7%乙酸

35.3　酶谱分析

　　根据酶本身的结构组成和其在组织中表现的酶谱特征，确定不同等位酶的基因位点、多态位点和等位基因数据。酶谱分析可以借助凝胶成像分析系统进行操作。凝胶成像分析系统具有高分辨率的图像采集装置以及功能强大的分析软件，可以对电泳图谱进行有效的采集与分析，并输出图像、图谱曲线、图标以及数据报告，操作简单、方便。

　　从酶谱中得到的信息还需要经过数理统计分析以获得居群遗传多样性的测度结果。常用的测度指标有：

　　（1）度量居群遗传变异水平和遗传结构的指标：

　　① 多态位点的百分数（P）：不考虑等位基因出现的频率大小情况下的多态位点出现的比率；

　　② 平均每个位点等位基因数（A）：各位点的等位基因数之和除以所测定的酶位点的总数；

　　③ 平均每个位点等位基因的有效数目（A_e）；

　　④ 平均每个位点实际杂合度（H_o）和预期杂合度（H_e）；

　　⑤ 辛普森多态性指数（I）：可以用来衡量基因多样性。

　　（2）度量遗传分化的指标：

　　① 杂合性基因多样度比率（F_{ST}）：用来测量居群间的遗传分化程度，群体内的固定指数 F_{IS}，群体间的固定指数 F_{IT}；

　　② 居群每代迁移数（N_m）：$N_m = 0.25（1-F_{ST}）/F_{ST}$；

　　③ 遗传一致度（I）和遗传距离（D）。

36　DNA 分子标记技术

分子标记是继形态标记、细胞标记和生化标记之后发展起来的遗传标记形式，直接检测 DNA 分子上生物间的差异，是 DNA 水平上遗传变异的直接反映。

36.1　DNA 的提取

36.1.1　染色体 DNA 提取

36.1.1.1　实验设备与耗材
研钵，10 mL 离心管，1.5 mL 离心管，台式高速离心机，恒温水浴锅，玻璃棒等。

36.1.1.2　实验药品与试剂
（1）提取缓冲液：0.4 mg/L 葡萄糖，3%可溶性 PVP，10mg/L β-巯基乙醇，20 mg/L EDTA；

（2）裂解缓冲液：100 mg/L Tris·HCl，pH8.0，20 mg/L EDTA，0.5 mg/L NaCl，1.5% SDS；

（3）氯仿-异戊醇-无水乙醇（体积比为 80：4：16）溶液；

（4）SOD 基因特异引物；

（5）dNTPs；

（6）Taq DNA 聚合酶。

36.1.1.3　提取步骤
（1）称取 1.0 g 幼叶组织，置于研钵中加液氮研磨成粉状后，立即加入 4 mL 提取缓冲液，继续研磨至糊状，移入 10 mL 离心管中，4℃ 10 000 r/min 离心 10 min；

（2）弃上清液，重新加入 4 mL 提取缓冲液悬浮沉淀，4℃ 10 000 r/min 离心 10 min，弃上清液，4 mL 65℃预热的裂解缓冲液悬浮沉淀，在 65℃水浴中温育 60 min，不时轻轻摇动；

（3）加入 4 mL 氯仿异戊醇无水乙醇溶液，轻轻颠倒混匀，室温下静置 10 min，4℃下 10 000 r/min 离心 10 min，小心地将上清液移入新的 10 mL 离心管；

（4）加入等体积的异丙醇，混匀后室温放置 15 min，用无菌玻棒钩出 DNA 絮团，转入含 0.5 mL TE 缓冲液的 1.5 mL 离心管；

（5）加入 RNase 酶溶液（无 DNase）至终浓度为 10 mg/mL，37℃处理 10 min；

（6）加入等体积的平衡酚氯仿溶液，轻轻混匀，4℃下 12 000 r/min 离心 10 min，上清液移入新的 1.5 mL 离心管；

（7）加入 1/10 体积的 3 mg/L NaAc（pH5.2）溶液，混匀后加入 2 倍体积的冰乙醇，颠倒混匀,-20℃放置 30 min,用无菌玻棒钩出 DNA 絮团,70%乙醇漂洗后重新溶于 4 mL 的 TE 缓冲液中,-20℃保存备用。

36.1.2 CTAB 法提取总 DNA

CTAB 是一种阳离子去污剂,它能与核酸形成复合物,这些复合物在低盐溶液中会因溶解度的降低而沉淀,而在高盐溶液中可解离,从而使 DNA 和多糖分开,再用乙醇沉淀 DNA 而除去 CTAB。在该法中使用的聚维酮(PVP)与多酚结合形成复合物,从而可有效避免多酚类化合物介导的 DNA 降解。

36.1.2.1 实验设备与耗材

研钵、台式高速离心机、水浴锅、天平、灭菌锅、移液枪和电泳仪等。

36.1.2.2 实验药品与试剂

(1)2×CTAB 提取液(pH 8.0):称取 CTAB 2 g 加蒸馏水 40 mL,加 1 mol/L Tris-HCl(pH 8.0)10 mL,0.5 mol/L EDTA(pH 8.0)4 mL 和 5 mol/L NaCl 28mL,待 CTAB 溶解后用蒸馏水定容至 100 mL(提取前加入 2%的β-巯基乙醇);

(2)1mol/L Tris-HCL(pH 8.0)100 mL:12.11 g Tris 碱,ddH$_2$O 80mL,HCl 4.9 mL,三者混匀充分溶解后,滴加浓盐酸调 pH 至 8.0,定容至 100 mL;

(3)0.5mol/L EDTA(pH 8.0)100 mL:在 80 mL 水中加入 18.01 g EDTANa$_2$·2H$_2$O 搅拌溶解,用 NaOH 调 pH 至 8.0(约 2 g NaOH 颗粒),定容至 100 mL;

(4)5mol/L NaCl 100ml:称取 29.22 g NaCl,用 ddH$_2$O 定容至 100 mL;

(5)3mol/L NaAc 10mL:称取 2.46 g NaAc,用 ddH$_2$O 定容至 10 mL;

(6)其他:β-巯基乙醇、氯仿、异戊醇、乙醇、液氮等。

36.1.2.3 操作步骤

(1)称取 1.0 g 样品,将样品放入装有液氮的研钵中研磨,直至样品成粉末,转入 1.5 mL 离心管中,加入 600 μL 65℃预热的 CTAB 溶液(用前加入 2%的β-巯基乙醇);

(2)将装有 CTAB 和样品的 EP 管放入 65℃水浴,约 1 h;

(3)冷却后,加入 600 μL 酚:氯仿:异戊醇(25:24:1=300:288:12),混合液混匀,12 000 r/min 离心 15 min;

(4)吸上清液,放入新的 EP 管;

(5)加入 600 μL 氯仿:异戊醇(24:1=576:24),12 000 r/min 离心 15 min;

(6)吸上清,转入一新的离心管中,加入 1/3 体积的 NaAc(3 mol/L);

(7)加入 1 mL,-20℃预冷的无水乙醇,混匀后置于-20℃(-80℃,30 min)3~4 h;

(8)12 000 r/min 离心 10 min,弃上清液;

(9)向离心管中加入 75%的乙醇洗涤 2~3 次,倒置于吸水纸上晾干;

(10)加入 ddH$_2$O(10~20 μL)溶解。

36.1.2.4 注意事项

（1）水浴时，每 10min 需摇晃一次；

（2）在步骤（5）加入混合液后要充分混匀，一般在振荡器上振荡 30min。

36.1.3 DNA 提取试剂盒

为方便、快捷、大量地提取 DNA，还可选用 DNA 提取试剂盒进行 DNA 的提取。DNA 提取试剂盒是用于 DNA 提取的成熟商业产品，种类多样。对于实验中使用的不同的样品材料，可以针对性地选择适合的应用产品。

目前广泛使用的 DNA 提取试剂盒多采用吸附离心法。首先通过裂解、吸附，释放并获取 DNA；然后通过漂洗、离心，去除杂质；最后洗脱得到纯化的 DNA。试剂盒中提供的特制的提取试剂和特异性结合 DNA 的离心吸附柱可以有效地去除杂质蛋白质及细胞中的其他有机化合物，并最大限度地保留 DNA，节约样品材料。获得的 DNA 通常具有较高的纯度，质量稳定可靠，可直接用于 PCR、酶切、杂交等应用实验。试剂盒均备有规范的使用说明，操作简单，即使是刚接触这类实验的新手也很容易掌握。

36.2 DNA 纯度与浓度的测定

36.2.1 实验设备与耗材

紫外分光光度计，移液器。

36.2.2 实验药品与试剂

DNA 提取试剂盒，ddH$_2$O，TE 缓冲液。

36.2.3 操作步骤

（1）遵照试剂盒的说明书，提取 DNA；

（2）用 ddH$_2$O 清洗比色皿，并用吸水纸吸干；

（3）以 TE 缓冲液为空白，在波长 260 nm、280 nm 处调节紫外分光光度计读数至零；

（4）取 5 μL DNA 样液，用 TE 缓冲液稀释 100 倍（或稀释更高倍数）；

（5）将 DNA 稀释液加入比色皿，检测其在 260 nm、280 nm 处的吸收值（OD 值）。

36.2.4 结果分析

（1）DNA 纯度分析

计算 DNA 在 260 nm、280 nm 处的吸收值比值（OD260/OD280）。比值=1.8 左右，DNA 较为纯净；比值<1.8，则有蛋白污染；比值>1.8，则有 RNA 污染。

（2）DNA 浓度计算

DNA 样品的浓度（μg/μL）=OD 260 ×稀释倍数× 50/1 000

36.3 DNA 的纯化

纯化的方法包括透析、层析、电泳及选择性沉淀等，而电泳法简单、快速、易于操作、分辨率高、灵敏度好、易于观察及便于回收，在 DNA 的进一步纯化中占有重要的地位。其中，琼脂糖凝胶可以制成各种形状、大小和孔径不一的支持体，能分离的 DNA 片段大小范围较广（长度从 200 bp 至近 50 kb），是分离鉴定和纯化 DNA 片段的常用方法。

36.3.1 实验原理

带负电荷的 DNA 分子在外加电场作用下在琼脂糖凝胶中会向正极泳动。由于不同分子量的 DNA 在相同电泳条件下的泳动率不同，从而可通过电泳分出不同的 DNA 条带。凝胶中的 DNA 与荧光嵌入染料溴化乙锭（Ethidium bromide，EB）结合后，在紫外光下至少可以显示荧光条带，并确定 DNA 片段在凝胶中的位置，从而回收特定的 DNA 片段。

36.3.2 实验药品与试剂

（1）10 mg/mL EB。
（2）琼脂糖。
（3）5×TBE 缓冲液。
（4）溴酚蓝指示剂。

36.3.3 操作步骤

（1）取 5×TBE 缓冲液 20 mL 加水至 200 mL，配制成 0.5×TBE 稀释缓冲液，待用。
（2）胶液的制备：称取 0.4 g 琼脂糖，置于 200 mL 锥形瓶中，加入 50 mL 0.5×TBE 稀释缓冲液，盖上封口膜，放入微波炉里加热至琼脂糖全部熔化。取出摇匀，制得 0.8% 琼脂糖凝胶液。
（3）胶板的制备：准备好制胶模具。待琼脂糖凝胶液冷却至 60℃，加入溴化乙锭（EB）溶液，使其终浓度为 0.5 μg/mL，并充分混匀。将溶液缓慢倒入凝胶槽，除掉气泡，凝胶厚度一般在 3～5 mm。插上样品梳子，使梳子齿下缘与胶槽底面保持 1 mm 左右的间隙。室温下，待胶凝固后拔出梳子，并将胶板放置于电泳槽中。向电泳槽中加入 0.5×TBE 缓冲液，液面高出凝胶表面约 2 mm。
（4）加样：在点样板或薄膜上将 DNA 样品与 1/5 体积的溴酚蓝混匀。并用微量移液枪小心地将混合了溴酚蓝的样品加入样品孔中。每加完一个样品要更换一个加样头，以防止样品互相污染。

（5）电泳：加完样后，合上电泳槽盖，接通电源。控制电压保持在 60～100V，电流在 40 mA 以上。观察溴酚蓝指示剂条带的移动，当溴酚蓝指示剂条带移动至胶 3/4 处时，停止电泳。

（6）观察并切取 DNA 胶块：电泳完毕后，取出凝胶。在波长为 254 nm 的紫外灯下观察电泳胶板。用干净的刀片切出含有目的 DNA 的胶块，尽量去除不含 DNA 的凝胶。

（7）回收 DNA：从凝胶中回收 DNA 的方法有透析袋点洗脱法、低熔点琼脂糖凝胶法、琼脂糖酶法以及 DEAE-纤维素膜法等。另外还可以选用琼脂糖凝胶 DNA 回收试剂盒进行 DNA 回收。

36.3.4 注意事项

（1）观察 DNA 离不开紫外透射仪，但紫外光对 DNA 分子有切割作用。从胶上回收 DNA 时，应尽量缩短光照时间并采用长波长紫外灯（300～360 nm），以减少紫外光切割 DNA。

（2）当 EB 太多、胶染色过深且 DNA 带看不清时，可将胶放入蒸馏水冲泡，30 min 后再重新观察。

（3）制备琼脂糖凝胶时注意避免产生气泡。

36.4　RFLP 标记技术

36.4.1　基本原理

限制性内切酶片段长度多态性（Restriction Fragment Length Polymorphism，RFLP）是指基因型之间限制性片段长度的差异，这种差异由限制性酶切位点上碱基的插入、缺失、重排或点突变所引起。RFLP 标记是发展最早的 DNA 标记技术。该技术利用限制性内切酶对基因组 DNA 进行酶切，生成大小不同的酶切片段，通过电泳分离并将 DNA 片段变性后转移到硝酸纤维膜或尼龙膜上，然后用标记的 DNA 探针与这些片段进行杂交，最后通过显色技术显示杂交结果，分析基因组 DNA 的多态性。

36.4.2　实验设备与耗材

电泳装置、水浴恒温振荡器、台式高速离心机、玻璃板、尼龙膜、滤纸、杂交瓶、杂交炉等。

36.4.3　实验药品与试剂

（1）限制性内切酶（BamH I，EcoR I，HindⅢ，Xba I）及 10×酶切缓冲液；

（2）变性液：0.5 mol/L NaOH，1.5 mol/L NaCl；

（3）中和液：1 mol/LTris•HCl，1.5 mol/L NaCl pH 7.5；

（4）10×SSC：0.15 mol/L 柠檬酸钠，1.5 mol/L NaCl；

（5）杂交液：10% PEG 6000，0.5% SDS，6× SSC，50%甲酰胺，杂交温度为 42℃；

（6）洗液 A：2×SSC + 0.1% SDS；

（7）洗液 B：0.2×SSC + 0.1% SDS；

（8）其他：ddH$_2$O，琼脂糖，5×TBE 电泳缓冲液，10 mg/mL EB，0.25 mol/L HCl。

36.4.4　操作步骤

（1）基因组 DNA 的提取

DNA 的提取详见第 36.1 节。要求提取的 DNA 分子量大于 50 kb，没有降解。

（2）酶切

配制 50 μL 的反应体系，如表 36-1 所示。轻微振荡，离心。37℃水浴反应过夜（约 12 h）。

表 36-1　酶切反应体系

	终含量/终浓度	体积/μL
DNA	5 μg	X[*]
限制性内切酶（10 U/μL）	4 U/μg DNA	2.0
10×酶切缓冲液	1×酶切缓冲液	5.0
ddH$_2$O	—	加至总体积 50

注：* 根据 DNA 的浓度计算所需加入的 DNA 的体积。

（3）分离酶切片段

酶切产物用 0.8%琼脂糖凝胶在 1.5 V/cm 条件下电泳过夜（12 h）。电泳缓冲液为 0.5×TBE。

（4）Southern 转移

① 将电泳好的凝胶浸没于 0.25 mol/L HCl 中脱嘌呤 10 min。

② 取出凝胶，用 ddH$_2$O 漂洗，转至变性液中变性 45 min。

③ 取出凝胶，用 ddH$_2$O 漂洗，转至中和液中中和 30 min。

④ 取一个干净的盆，盆内架上一块玻璃板，并在玻璃板上铺一层滤纸，搭制好滤纸桥。盆中盛满 10×SSC 溶液，使滤纸两端完全浸没在溶液中。

⑤ 将凝胶反转后放置于滤纸桥上，然后依次放上一块尼龙膜、两层滤纸、吸水纸（厚度为 5～8 cm）、一块玻璃板、500 g 重物。尼龙膜和滤纸需预先浸入去离子水，再浸入 10×SSC，湿润后备用。

⑥ 静置转移 8～24 h。其间更换吸水纸 1～2 次。

⑦ 取下尼龙膜，用 2×SSC 漂洗 5 min。

⑧ 将膜夹于 2 层干燥的滤纸内，80℃真空干燥 2 h 或用 254 nm 紫外照射。

⑨ 尼龙膜冷却后，用保鲜膜包好，置于 4℃冰箱备用。

（5）DNA 杂交与放射自显影

① 将经 Southern 转移的膜置于杂交瓶中，加入预热到 42℃的杂交液（每 200 cm^2 膜加 10～15 mL 杂交液），使膜的背面紧贴杂交瓶壁，正面朝向杂交液。放入 42℃杂交炉中，预杂交 2～4 h。

② 更换杂交液，并迅速加入已标记的变性的 DNA 探针，混匀，42℃杂交 12 h 以上。

③ 杂交后的膜用洗液 A 在 42℃条件下摇动漂洗 2 次，每次 10～15 min。

④ 再用洗液 B 在 42℃条件下摇动漂洗 2 次，每次 5 min。

⑤ 漂洗后的膜用保鲜膜包好。压上 X 光胶片，置于−70℃冰箱中曝光 1～3 d。冲洗 X 光片。

36.4.5　注意事项

（1）酶切反应一定要彻底，使 DNA 被完全消化。酶切产物经琼脂糖凝胶电泳、EB 染色后，不应有大于 30kb 的明显亮带出现。

（2）Southern 转移操作中应注意：脱嘌呤时间不能过长；脱嘌呤、变性、中和等操作均应在摇床上进行；将尼龙膜覆于胶上时，严格防止胶与膜之间出现气泡，加盖滤纸时也应防止出现气泡。

（3）不同的杂交液配方差异较大，且杂交温度也不同。进行杂交反应时，应根据所选择的杂交液，控制合适的反应温度。

（4）作放射自显影时，应根据杂交膜上的放射活性等因素决定曝光时间。

（5）当使用一种限制性内切酶不能检测出 RFLP 差异时，应试用其他的酶。

36.5　RAPD 标记技术

36.5.1　基本原理

随机扩增多态性 DNA（Random Amplified Polymorphic DNA，RAPD）技术是基于 PCR 技术，使用一系列具有 10 个左右碱基的单链随机引物对基因组 DNA 进行随机扩增，扩增产物通过电泳分离、染色，以检测 DNA 片段的多态性的方法。

RAPD 技术操作简便、快速，检测容易。RAPD 引物的设计是随机的，无须预先知道特异位点序列的信息，并且引物的通用性较强，一套引物可用于多种不同生物基因组的多态性分析。

36.5.2　实验设备与耗材

PCR 仪，电泳装置，台式高速离心机，凝胶成像系统，微量移液器等。

36.5.3　实验药品与试剂

（1）随机引物（5 μmol/L）：购买成品；

（2）2.5 U/μL Taq 酶；

（3）10×PCR 缓冲液；

（4）25 mmol/L MgCl$_2$；

（5）2.5 mmol/L dNTP；

（6）其他：ddH$_2$O，琼脂糖，10 mg/mL EB，5×TBE 电泳缓冲液等。

36.5.4　操作步骤

（1）模板 DNA 的提取

基因组 DNA 提取方法参见第 36.1 节。

（2）PCR 反应

配制 25 μL PCR 反应体系，如表 36-2 所示。轻微振荡，离心。

反应程序设置为：① 94℃变性反应 2 min；② 94℃ 60 s—36℃ 60s—72℃ 60 s，循环 40 次；③ 72℃延伸 10 min；④ 冷却至 4℃收集产物。

表 36-2　RAPD PCR 反应体系

	终含量/终浓度	体积/μL
模板 DNA	50 ng	X*
随机引物（5 μmol/L）	0.2 μmol/L	1
10×PCR 缓冲液	1×PCR 缓冲液	2.5
MgCl$_2$（25 mmol/L）	2 mmol/L	2
dNTPs（2.5 mmol/L）	0.2 mmol/L	2
Taq 酶（2.5 U/μL）	1 U	0.4
ddH$_2$O	—	加至总体积 25

注：*根据 DNA 的浓度计算所需加入的 DNA 的体积。

（3）电泳

PCR 产物用 1.5%琼脂糖凝胶在稳压 50～100 V 条件下电泳。电泳缓冲液为 0.5×TBE。

（4）图谱分析

电泳结束后利用凝胶成像系统观察、拍照与分析。

36.5.5　注意事项

（1）进行 RAPD 分析时，每个反应只需要加入一种引物。任一特定引物与模板 DNA 序列有特定的结合位点，能检测的 DNA 片段多态性是有限的。但 RAPD 分析可使用的引物数量很多，利用一系列引物使检测区域覆盖整个基因组，对整个基因组 DNA 进行多态性检测。

（2）引物中 C+G 碱基含量会影响引物与模板 DNA 结合的牢固程度。通常 C+G 碱基含量在 50%～60% 之间的引物效果较好。

36.6 AFLP 标记技术

36.6.1 基本原理

AFLP（amplified fragment length polymorphism，扩增片段长度多态性）标记技术是一种显性分子标记技术，建立在 RFLP 标记技术及 RAPD 标记技术的基础上，综合了二者可靠、方便、快捷、经济等特点。该技术利用两种限制性内切酶对基因组 DNA 进行酶切，获得分子量大小不等的随机限制性酶切片段，然后将特定的人工合成的短的双链接头连在这些片段的两端，形成一些带接头的特异片段，再对特异性片段进行预扩增和选择性扩增，最后将选择性扩增产物在高分辨率的变性聚丙烯酰胺凝胶上电泳，寻找多态性扩增片段。AFLP 标记技术利用的是基因组序列未知的 DNA，因此需在酶切片断的黏性末端上连接双链寡核苷酸接头。接头的核苷酸序列与邻接的限制性位点一起作为 PCR 扩增反应中引物的识别位点。AFLP 引物是一段人工合成的单链 DNA，一般长度为 15～30 个碱基对，由三部分组成：核心序列、酶专一性序列与选择延伸序列（1～3bp）。通过引物选择性地识别具有特异配对序列的内切酶酶切片段，并与之结合，实现特异性扩增。

36.6.2 实验设备与耗材

PCR 仪，台式高速离心机，电泳装置，凝胶成像系统，遗传分析仪，微量移液器等。

36.6.3 实验药品与试剂

（1）限制性内切酶：为了使酶切片段大小分布均匀，一般采用两种限制性内切酶。一种为有 6 个碱基识别位点的限制性内切酶，如 EcoRI、PstI 或 SacI；另一种为有 4 个碱基识别位点的限制性内切酶，如 MseI、TaqI。

（2）10×酶切缓冲液。

（3）10 U/μL T4 DNA 连接酶。

（4）T4 连接酶缓冲液。

（5）10×PCR 缓冲液。

（6）25 mmol/L MgCl$_2$。

（7）2.5 mmol/L dNTP。

（8）2.5 U/μL Taq 酶。

（9）接头：不同的内切酶有其对应的接头。

（10）预扩引物：每一种内切酶都有其对应的一组或两组预扩引物，如表 36-9 所示。

（11）选扩引物：每一种内切酶都有其对应的选扩引物，如表 36-9 所示。

（12）其他：ddH$_2$O，琼脂糖，5×TBE 电泳缓冲液，10 mg/mL EB。

36.6.4　操作步骤

（1）模板 DNA 的提取

基因组 DNA 提取（详见第 36.1 节）。

（2）DNA 被限制性内切酶切割

常用的酶切反应体系如表 36-3～表 36-8 所示。

将酶切反应体系涡旋混匀，瞬时离心。

反应程序可设置为：① 37℃，3 h；② 70℃，20 min，使限制性内切酶失活；③ 置于冰上，冷却至 4℃后收集产物。

表 36-3　E-M 酶切体系

	1/2 倍/μL	1 倍/μL
DNA（50 ng/μL）	1.50	3.0
EcoR I（10 U/μL）	0.25	0.5
Mse I（10 U/μL）	0.15	0.3
酶切缓冲液（10×）	2.50	5.0
ddH$_2$O	8.10	16.2
总体积	12.5	25

表 36-4　P-M 酶切体系

	1/2 倍/μL	1 倍/μL
DNA（50 ng/μL）	1.50	3.0
Pst I（10 U/μL）	0.25	0.5
Mse I（10 U/μL）	0.15	0.3
酶切缓冲液（10×）	1.25	2.5
ddH$_2$O	9.35	18.7
总体积	12.5	25

表 36-5　P-T 酶切体系

	1/2 倍/μL	1 倍/μL
DNA（50 ng/μL）	1.50	3.0
Taq I（10 U/μL）	0.15	0.3
Pst I（10 U/μL）	0.5	1.0
酶切缓冲液（10×）	1.25	2.5
ddH$_2$O	9.10	18.2
总体积	12.5	25

表 36-6　E-T 酶切体系

	1/2 倍/μL	1 倍/μL
DNA（50 ng/μL）	1.50	3.0
Taq I（10 U/μL）	0.3	0.6
EcoR I（10 U/μL）	0.25	0.5
酶切缓冲液（10×）	1.25	2.5
ddH$_2$O	9.20	18.4
总体积	12.5	25

表 36-7　M-S 酶切体系

	1/2 倍/μL	1 倍/μL
DNA（50 ng/μL）	1.50	3.0
Sac I（10 U/μL）	0.5	1.0
Mse I（10 U/μL）	0.3	0.6
酶切缓冲液（10×）	1.25	2.5
ddH$_2$O	8.95	19.9
总体积	12.5	25

表 36-8　T-S 酶切体系

	1/2 倍/μL	1 倍/μL
DNA（50 ng/μL）	1.50	3.0
Sac I（10 U/μL）	0.25	0.5
Taq I（10 U/μL）	0.3	0.6
酶切缓冲液（10×）	1.25	2.5
ddH$_2$O	9.2	18.4
总体积	12.5	25

表 36-9　常用内切酶酶切位点、最适温度、接头名称和预扩引物

内切酶	酶切位点	最适反应温度	接头名称	预扩引物	选扩引物
EcoR I	G↓AATTC CTTAA↓G	37℃	Ead	EA EC	EA01-EA16 EC01-EC16
Mse I	T↓TAA AAT↓T	65℃	Mad	MC MG	MC01-MC16 MG01-MG16
Pst I	CTGCA↓G G↓ACGT	37℃	Pad	P_0	$P_0$01-$P_0$16
Taq I	T↓CGA AGC↓T	65℃	Tad	TC TG	TC01-TC16 TG01-TG16
Sac I	GAGCT↓C C↓TCGAG	37℃	Sad	SA	SA01-SA16

（3）与 AFLP 聚核苷酸接头连接

酶切结束后应立即进行连接反应。

连接反应体系如表 36-10 所示。将配制好的连接反应体系加入酶切产物（等体积）中，涡旋混匀，瞬时离心。

反应程序为：① 20～25℃，2 h；② 70℃，10 min，使酶失活；③ 产物于−20℃保持备用。

表 36-10　连接体系

连接体系		1/2 倍/μL	1 倍/μL
接头	Ead/Pad/Sad	0.5	1.0
	Mad/Tad	0.5	1.0
T4 连接酶（10 U/μL）		0.15	0.3
T4 连接酶缓冲液		2.5	5
ddH$_2$O		8.8	17.7
总体积		12.5	25

（4）预扩增反应

将连接产物稀释 5 倍混匀后作为预扩增的模板。不同的酶切组合选用对应的一组或多组预扩引物组合。

以 EcoR I /Mse I 体系（E-M 体系）为例，其预扩反应体系如表 36-11 所示。

PCR 反应程序为：① 94℃变性反应 2 min；② 94℃45 s—56℃ 45 s—72℃60 s，循环 28 次；③ 72℃延伸 10 min；④ 置于冰上，冷却至 4℃收集产物。

将预扩产物在琼脂糖电泳检测，带型应为弥散状。根据检测结果来确定预扩产物稀释倍数，一般稀释 15～30 倍。

表 36-11　预扩体系（以 E-M 体系为例）

	1 倍/μL	2 倍/μL
DNA（连接产物稀释）	5	10
10×PCR 缓冲液	2.5	5.0
MgCl$_2$（25 mmol/L）	2.0	4.0
dNTP（2.5 mmol/L）	0.4	0.8
Taq 酶（2.5 U/μL）	0.2	0.4
ddH$_2$O	13	26
EcoR I 预扩引物	1.0	2.0
Mse I 预扩引物	1.0	2.0
总体积	25	50

注：EcoR I 预扩引物有 EA 和 EC 两种，Mse I 预扩引物有 MC 和 MG 两种，所以 E-M 组合一共可以进行四种引物组合的预扩增，即：EA-MC、EA-MG、EC-MC、EC-MG。其他酶切连接组合可依此类推。

（5）选择性扩增

根据预扩产物琼脂糖电泳检测的结果，将预扩产物稀释适当的倍数混匀后作为选择性扩增的模板。不同的预扩组合选用对应的一组或多组选扩引物组合。

以 E-M 体系为例，其选扩反应体系如表 36-12 所示。

PCR 反应程序为：① 第 1 个循环：94℃ 4 min—94℃ 30 s—65℃ 60 s—72℃60 s；② 第 2~13 个循环：94℃ 4 min—94℃ 30 s—65℃ 60 s（退火）—72℃ 60 s，退火温度每隔一个循环降低 0.7℃；③ 第 14~36 个循环：94℃ 30 s—56℃ 60 s—72℃60 s；④ 72℃延伸 10 min；⑤ 置于冰上，冷却至 4℃收集产物。

表 36-12　选扩反应体系（以 E-M 组合为例）

	1 倍/μL	2 倍/μL
DNA（预扩产物稀释）	3	3
10×PCR 缓冲液	1.5	3.0
MgCl$_2$（25 mmol/L）	1.2	2.4
dNTP（2.5 mmol/L）	0.3	0.6
Taq 酶（2.5 U/μL）	0.2	0.4
ddH$_2$O	6.8	13.6
EcoR I 选扩引物	1.0	2.0
Mse I 选扩引物	1.0	2.0
总体积	15	30

注：EcoR I 预扩引物 EA 对应的选扩引物有 EA01 到 EA16 共 16 对，Mse I 预扩引物 MC 对应的选扩引物有 MC01 到 MC16 共 16 对，则由它们进行随机组合就可以形成 16×16＝256 对选扩引物组合。

（6）电泳

扩增片段用 1.5%琼脂糖凝胶在稳压 50～100 V 条件下电泳。电泳缓冲液为 0.5×TBE。

（7）结果分析

用遗传分析仪进行数据分析。

36.6.5 注意事项

（1）AFLP 技术对模板质量要求较高，应避免其他 DNA 污染和抑制物质的存在。在 DNA 完全溶解后利用紫外分光光度仪测定 DNA 浓度，OD 应大于 1.7。

（2）酶切、连接、预扩和选扩实验应在冰上操作完成，并严格按照操作规范操作。

（3）实验中所用到的酶、接头和引物要防止污染和降解。

（4）实验中偶尔会出现扩增不出 DNA 条带的情况，可从以下几个方面检查：实验中使用的各种溶液在冻融后没有涡旋，影响了反应体系的浓度；引物溶液反复冻融或污染了 DNA 酶类，造成引物降解；Taq 酶失活或有杂酶污染；DNA 模板已经降解；PCR 仪不正常运行。

36.7 ISSR 标记技术

36.7.1 基本原理

简单重复序列区间（inter-simple sequence repeat，ISSR）分子标记是在简单重复序列（simple sequence repeat，SSR）标记基础上发展起来的一种新技术。ISSR 标记的基本原理是在 SSR 的 5′或 3′端加锚 2～4 个非重复随机选择的嘌呤或嘧啶碱基，然后以此为引物，对两侧具有反向排列 SSR 的一段基因组 DNA 序列进行 PCR 扩增。扩增产物经电泳分离后得到显性表现的扩增谱带。

ISSR 标记结合了 RAPD 和 SSR 的优点，具有较高的多态性和稳定性，且不需要知道任何靶标序列的 SSR 背景信息，ISSR 引物的开发费用降低，并可以用在不同的生物基因组多态性分析中。

36.7.2 实验设备与耗材

PCR 仪，电泳装置，台式高速离心机，凝胶成像系统，微量移液器等。

36.7.3 实验药品与试剂

（1）2.5mmol/L dNTP；

（2）ISSR 引物：购买成品；

（3）2.5 U/μL Taq 聚合酶；

（4）10×PCR 缓冲液；

（5）其他：ddH$_2$O，琼脂糖，10 mg/mL EB，5×TBE 电泳缓冲液等。

36.7.4　操作步骤

（1）模板 DNA 的提取

基因组 DNA 的提取方法参见第 36.1 节。

（2）PCR 反应

配制 25 μL PCR 反应体系，如表 36-13 所示。轻微振荡，离心。

反应程序为：① 94℃变性反应 2 min；② 94℃ 60 s—50～60℃ 40 s—72℃ 60 s，循环 40 次；③ 72℃延伸 10 min；④ 冷却至 4℃收集产物。

表 36-13　ISSR PCR 反应体系

	终含量/终浓度	体积/μL
模板 DNA	5～50 ng	X*
ISSR 引物（5 μmol/L）	0.2～0.8 μmol/L	1～4
10×PCR 缓冲液	1×PCR 缓冲液	2.5
MgCl$_2$（25 mmol/L）	2 mmol/L	2
dNTPs（2.5 mmol/L）	0.2 mmol/L	2
Taq 酶（2.5 U/μL）	0.4～1 U	0.16～0.4
ddH$_2$O	—	加至总体积 25

注：*根据 DNA 的浓度计算所需加入的 DNA 的体积。

（3）电泳

PCR 产物用 1.5%琼脂糖凝胶在稳压 50～100 V 条件下电泳。电泳缓冲液为 0.5×TBE。

（4）图谱分析

电泳结束后，利用凝胶成像系统观察、拍照与分析。

36.7.5　注意事项

① 样品可采用新鲜样品、硅胶干燥样品和标本等。

② PCR 反应的效果受模板浓度及纯度、退火温度、引物、Mg^{2+}、Taq 酶含量等条件的影响。应在实验前对反应条件进行比选，找出最合适的 PCR 反应条件。

参考文献

[1]　冯夏莲，何承忠，张志毅，等. 植物遗传多样性研究方法概述. 西南林学院学报，2006（1）：51-59.

[2]　李运贤，李玉英，邢倩，等. 植物多样性的分子生物学研究方法. 南阳师范学院学报，2005，4（9）：53-56.

[3]   王中仁. 等位酶分析的遗传学基础. 生物多样性，1994，2（3）：149-156.

[4]   王中仁. 等位酶分析的遗传学基础（续）. 生物多样性，1994，2（4）：213-219.

[5]   俞俊棠. 新编生物工艺学. 北京：化学工业出版社，2003.

[6]   厉朝龙. 生物化学与分子生物学实验技术. 杭州：浙江大学出版社，2000.

[7]   何忠效，张树政. 电泳. 北京：科学出版社，1990.

[8]   王中仁. 植物等位酶分析. 北京：科学出版社，1996：140-145.

[9]   周延清. DNA 分子标记技术在植物研究中的应用. 北京：化学工业出版社，2005：56-57.

[10]   张宁，王凤山. DNA 提取方法进展. 中国海洋药物，2004，98（2）：40-43.

[11]   白玉. DNA 分子标记技术及其应用. 安徽农业科学，2007，35（24）：7422-7424.

[12]   罗志勇，周钢，陈湘晖，等. 高质量植物基因组 DNA 的分离. 湖南医科大学学报，2001，20（2）：178.

[13]   彭学贤. 植物分子生物技术应用手册. 北京：化学工业出版社，2006.

[14]   谭天伟，黄留玉，苏国富，等. 分子生物学与生物技术. 北京：化学工业出版社，2003.

[15]   解增言，林俊华，等. DNA 测序技术的发展历史与最新进展. 生物技术通报，2010（8）.

[16]   葛颂，洪德元. 遗传多样性及检测方法//钱迎倩，马克平. 生物多样性研究的原理和方法（第九章）. 北京：中国科学技术出版社，1994：123-140.

[17]   李文英，顾万春. 蒙古栎天然群体表型多样性研究. 林业科学，2005，41（1）：49-56.

[18]   潘祖亭，杨代菱，孟凡昌，等. 分析化学实验. 北京：高等教育出版社，2001.

[19]   Soltis，Douglas E，Pamela S. Isozymes in Plant Biology. UK：Dioscorides Press，1989：87-105.

[20]   Yeh F C，Yang R C，Boyle T J, et al. POPGENE, the User Friendly Shareware for Population Genetic Analysis.Edm-onton，Canada：Molecular Biology and Biotechnology Centre，University of Alberta，1997.

[21]   Nei M. Genetic distance between populations. American Naturalist，1972，106：283-292.

[22]   Kim CS，Lee CH，Shin JS, et al. Simple and rapid method for isolation of high quality genomic DNA from fruit trees and conifers using PVP. Nucleic Acids Res，1997，25（5）：1085.

[23]   Porebski S，Bailey LG，Bernand R. Modification of a CTAB DNA extraction protocol for plants containing high polysaccharide and polyphenol components. Plant MolBiol Rep，1997，15（1）：8.

[24]   Stein N，Herren G，Keller B. A new DNA extraction method for high-throughput marker analysis in a large-genome species such as Triticum aestivu. Plant Breed，2001，120（6）：354.

[25]   Sheldon I，Gunman，Lee A，Weigt. Morphological，electrophoretic，and ecological analysis of Quercus macrocarpa population in the Black Hills of South Dakota and Wyoming. Can. J. Bot. 1990，68：2185-2194.